多视点视频编码的关键技术

孟丽丽　谭艳艳　张化祥　著

電子工業出版社
Publishing House of Electronics Industry
北京 · BEIJING

内容简介

本书系统地介绍了三种多视点视频压缩技术，即多边信息的分布式多视点视频编码、兼容标准的高效立体视频编码和鲁棒的多描述多视点视频编码。本书的研究内容对3D视频的压缩和鲁棒传输具有重要理论指导价值。

本书可以作为高等院校电子信息、通信工程、计算机等相关专业的教师和学生的参考用书，也可供有关工程技术人员参考阅读。

图书在版编目（CIP）数据

多视点视频编码的关键技术/孟丽丽，谭艳艳，张化祥著. —北京：电子工业出版社，2018.9
ISBN 978-7-121-35076-4
Ⅰ. ①多… Ⅱ. ①孟… ②谭… ③张… Ⅲ. ①视频编码－研究 Ⅳ. ①TN762

中国版本图书馆CIP数据核字（2018）第218173号

策划编辑：徐蕾薇
责任编辑：刘小琳　　特约编辑：孙　悦
印　　刷：北京虎彩文化传播有限公司
装　　订：北京虎彩文化传播有限公司
出版发行：电子工业出版社
　　　　　北京市海淀区万寿路173信箱　邮编 100036
开　　本：720×1000　1/16　印张：9.5　字数：115千字
版　　次：2018年9月第1版
印　　次：2018年9月第1次印刷
定　　价：58.00元

凡所购买电子工业出版社图书有缺损问题，请向购买书店调换。若书店售缺，请与本社发行部联系，联系及邮购电话：（010）88254888，88258888。

质量投诉请发邮件至zlts@phei.com.cn，盗版侵权举报请发邮件至dbqq@phei.com.cn。

本书咨询联系方式：（010）88254438。

前　言

近年来，视频显示技术已经从 2D 视频发展到 3D 立体视频。多视点视频是 3D 视频一种重要的表述格式。多视点视频是由同一时刻不同角度的摄像机对同一场景采集的视频序列，它能更生动、准确地呈现场景。然而，多视点视频的数据量很大，其存储和传输都非常困难，如何高效和鲁棒地压缩多视点视频数据已成为当前视频编码领域的研究热点。

本书围绕多视点视频编码，对多边信息的分布式多视点视频编码、兼容标准的高效立体视频编码和鲁棒的多描述多视点视频编码几种视频压缩技术进行了深入研究，主要创新性研究成果如下。

（1）研究多边信息的分布式多视点视频编码方法。该编码方法能降低编码端的复杂度、避免摄像机之间的通信，还可以更好地利用边信息的相关性；同时，基于贝叶斯准则研究多边信息的联合条件概率密度函数，并将其应用在视频编码方法中。实验结果证明，该方法能有效提高编码效率。

（2）研究兼容标准的高效立体视频编码方法。现有的绝大多数编码器都还是针对 2D 视频的，无法直接处理多视点视频。因此，本书在现有视频编码标准的基础上，研究具有灵活预测模式和自适应预测结构的兼容标准的高效立体视频编码方法，该方法有效地提高了率失真性能。

（3）研究鲁棒的多描述多视点视频编码方法。传统多视点视频编码码流一旦遇到网络丢包或比特传输错误，解码质量就会严重下降。具有鲁棒性的多描述多视点视频编码方法能有效地解决这个问题。首先，针对多视点帧内编码，研究基于随机偏移量化器和均一偏移量化器的多描述多视点帧内编码；然后，针对多视点帧间编码，研究基于内插补偿预处理的多描述多视点视频编码，该方法能有效地重建丢失块或有误差块的信息，从而进一步提高块的重建质量；最后，通过实验及与相关算法的比较，证明该方法的鲁棒性和有效性。

感谢北京交通大学赵耀教授、加拿大西蒙弗雷泽大学 Jie Liang 教授、福建工程学院潘正祥教授及山东师范大学信息科学与工程学院对笔者研究工作的支持；同时，感谢国家自然科学基金青年项目（项目编号：61402268）和国家自然科学基金面上项目（项目编号：61572298）对本书研究工作的资助。

由于笔者学识水平所限，本书难免存在不足之处，恳请各位专家和广大读者给予批评指导。

著　者

2018 年 6 月

目 录

1

绪论 …… 1

1.1 研究背景与研究意义 …… 3

1.2 多视点视频编码的研究现状 …… 9

1.2.1 基于传统 2D 视频编码的多视点视频编码研究 …… 10

1.2.2 基于运动估计和视差估计的多视点视频编码研究 … 11

1.2.3 基于合成视点预测的多视点视频编码研究 …… 14

1.2.4 分布式多视点视频编码研究 …… 17

1.2.5 基于多描述编码的多视点视频编码研究 …… 19

1.3 本书内容安排与组织结构 …… 20

2

多边信息的分布式多视点视频编码 …… 25

2.1 引言 …… 27

2.2 多边信息分布式视频编码 …… 30

2.2.1 系统描述 …… 30

2.2.2 最优重建 …… 33

2.2.3 基于贝叶斯准则的联合条件概率密度函数和相关噪声模型 …… 35
2.3 基于贝叶斯准则的多边信息分布式多视点视频编码 …… 38
2.4 实验结果 …… 40
2.4.1 不同二进制码的实验结果 …… 40
2.4.2 多边信息分布式视频编码的实验结果 …… 43
2.4.3 多边信息分布式多视点视频编码的实验结果 …… 48
2.5 本章小结 …… 49

3

兼容标准的高效立体视频编码 …… 51

3.1 引言 …… 53
3.2 基于H.264的传统立体视频编码 …… 55
3.3 基于灵活预测模式兼容标准的立体视频编码 …… 57
3.3.1 灵活预测模式 …… 58
3.3.2 基于灵活预测模式的立体视频编码系统 …… 60
3.4 基于自适应预测结构兼容标准的立体视频编码 …… 62
3.4.1 自适应预测结构 …… 62
3.4.2 基于自适应预测结构的立体视频编码系统 …… 65
3.5 实验结果 …… 66
3.6 本章小结 …… 70

4

鲁棒的多描述多视点视频编码 ······ 73

4.1 引言 ······ 75
4.2 基于随机偏移量化器的多描述多视点帧内编码 ······ 81
4.2.1 MDROQ 系统描述 ······ 81
4.2.2 MDROQ 期望失真的一般表达式 ······ 83
4.3 基于均一偏移量化器的多描述多视点帧内编码 ······ 87
4.3.1 低码率联合重建方法的比较 ······ 88
4.3.2 MDUOQ 系统描述 ······ 90
4.4 多描述多视点帧内编码的优化 ······ 92
4.4.1 系统框图及 DCT 域的维纳滤波 ······ 92
4.4.2 期望失真的建模 ······ 96
4.4.3 迭代优化算法 ······ 98
4.4.4 均一偏移量化器死区间隔的优化 ······ 99
4.5 鲁棒的多描述立体视频编码 ······ 100
4.5.1 多描述立体视频编码的系统设计 ······ 100
4.5.2 内插补偿预处理算法 ······ 103
4.6 理论分析 ······ 105
4.6.1 MDROQ 与 MDLTPC 的理论比较 ······ 105

4.6.2 MDROQ 的 1D 数据理论界限和实验结果 …………107
4.7 实验结果 ……………………………………………………109
4.7.1 多描述多视点帧内编码的实验结果 …………………109
4.7.2 鲁棒的多描述立体视频编码实验结果 ………………118
4.8 本章小结 ……………………………………………………121

5

总结与展望 ………………………………………………… 123
5.1 总结 …………………………………………………………125
5.2 展望 …………………………………………………………125
参考文献 …………………………………………………………127

1

绪　论

1.1 研究背景与研究意义

随着实时场景采集、传输、演示的迫切需求和信号处理技术的发展，视频显示技术已经从 2D（2 Dimensional）发展到 3D（3 Dimensional）[1,2]，3D 电影、3D 电视等开始进入人们的生活[3,4]。

除了 3D 视频处理技术的进步，3D 视频的内容也越来越丰富。3D 电影的数量每年都在增加，其票房在影院总票房中已占很高比例。几家著名的电影制片厂声称，未来他们只制作和发售 3D 电影；一些主要的投资者也已经决定升级 3D 电影设备。3D 电影的票房和投资力度说明消费者对 3D 视频的接受和喜爱。然而，当前 3D 视频普及到日常生活中还是比较困难的。首先，当前观看 3D 视频需要佩戴特殊的眼镜，这是非常不方便的；其次，观看者长时间观看 3D 视频，其眼睛会不舒服。

3D 视频通常有两种数据表示格式：一种是包含 n（$n \geqslant 2$）个视点的多视点视频（Multiview Video，MVV）；另一种是结合深度信息的单路或多路视点视频（Multiview Video plus Depth，MVD）。本书研究的是多视点视频（不包含深度信息）。多视点视频是由同一时刻不同角度的摄像机对同一场景采集的视频序列，它能更生动准确地呈现场景[5]。图 1.1 所示为多视点视频实例——Ballroom，其中 $X_{i,j}$ 表示第 i 个视点在第 j 个时刻的视频帧，该视频序列是由图 1.2 所示的采集系统（平行排列的摄像机）获得的。这个采集系统是由三菱电子研究实验室搭建的[6]。目前，其他一些机构也构建了实际的多视点视频系统。例如，日本名古屋大学搭建了包含100个摄像机的采集系统，该采集系统中的摄像机有1D线形、1D弧形和2D矩阵排列三种排列方式（见图1.3）；斯坦福大学构建了52个摄像机矩阵系统［见图1.4（a）］[7]；微软亚洲研究院也已经发展了32个摄像机的实时多视点视频系统［见图1.4（b）］[8]，其中一些技术已经应用在MPEG 3DAV中[9]；笔者所在研究团队搭建了10个摄像机的采集和控制平台（见图1.5），摄像机的型号为Stingray F046C，分辨率为780×582像素，帧率为60fps。图1.5（a）为4个水平排列的摄像机；图1.5（b）为6个环形排列的摄像机，其中的环形升降支架，可以有效调节摄像机的位置。此外，该平台配备了高性能工作站、同步触发模块、磁盘阵列及相机控制器等，可以实现同步多视点视频采集。

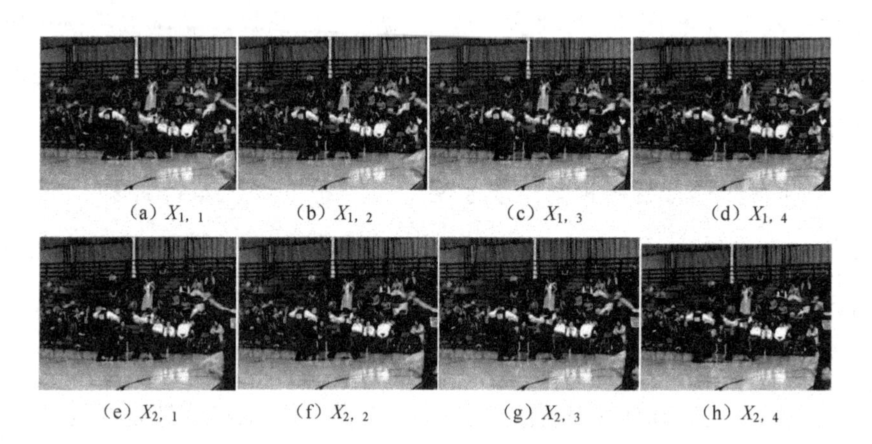
(a) $X_{1,1}$　(b) $X_{1,2}$　(c) $X_{1,3}$　(d) $X_{1,4}$
(e) $X_{2,1}$　(f) $X_{2,2}$　(g) $X_{2,3}$　(h) $X_{2,4}$

图1.1　多视点视频实例——Ballroom

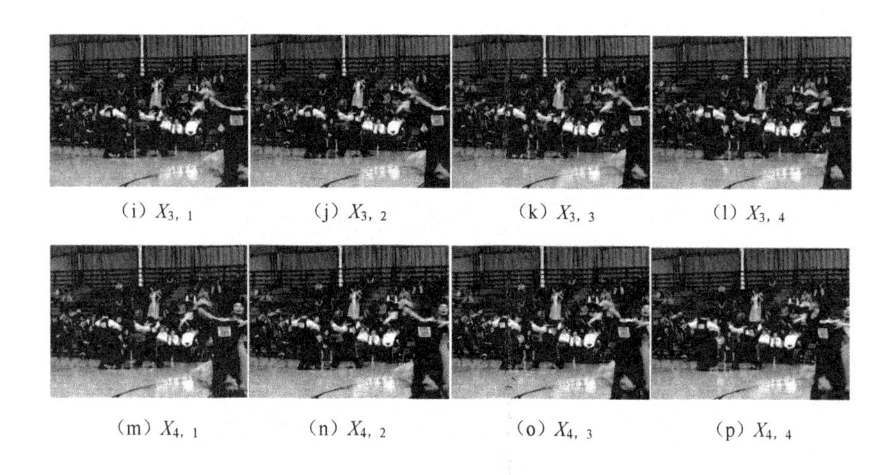

(i) $X_{3,1}$　(j) $X_{3,2}$　(k) $X_{3,3}$　(l) $X_{3,4}$

(m) $X_{4,1}$　(n) $X_{4,2}$　(o) $X_{4,3}$　(p) $X_{4,4}$

图 1.1 多视点视频的实例——Ballroom（续）

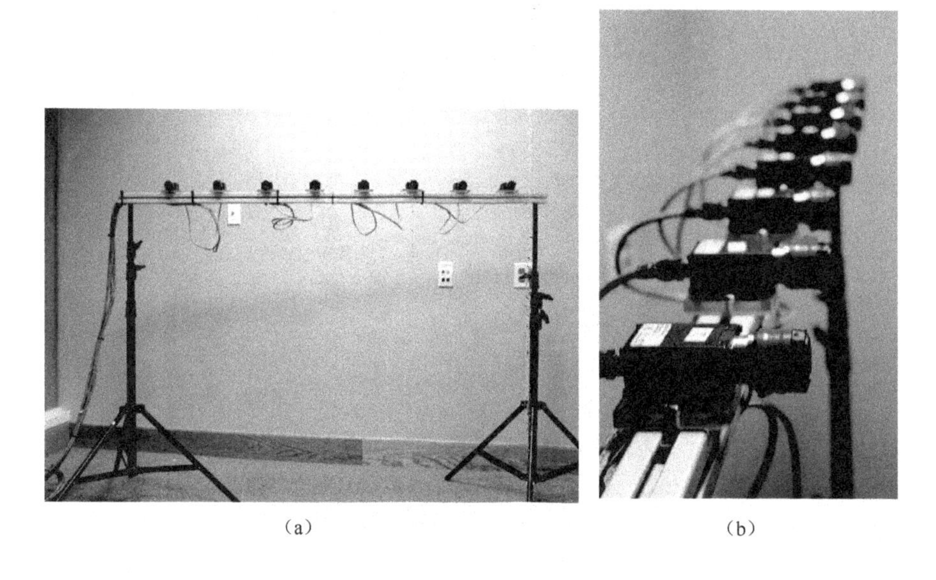

(a)　(b)

图 1.2 平行排列的摄像机

（a）1D线形

（b）1D弧形

（c）2D矩阵排列

图 1.3　100 个摄像机的三种排列形式

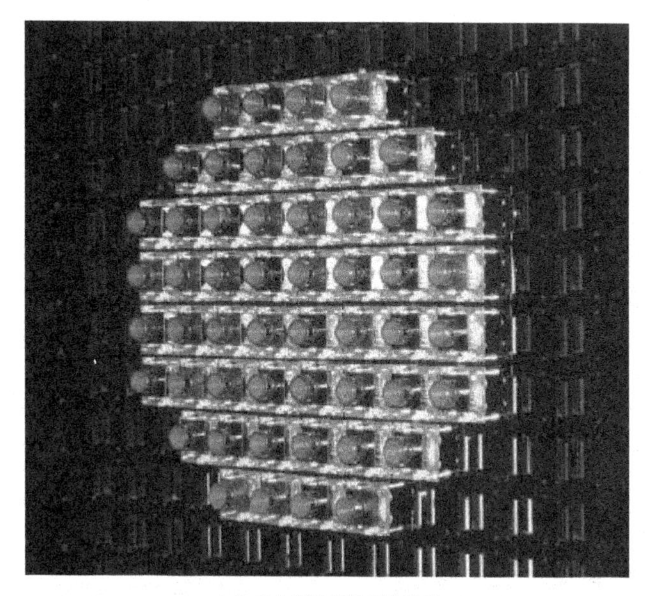

（a）52个摄像机的矩阵排列

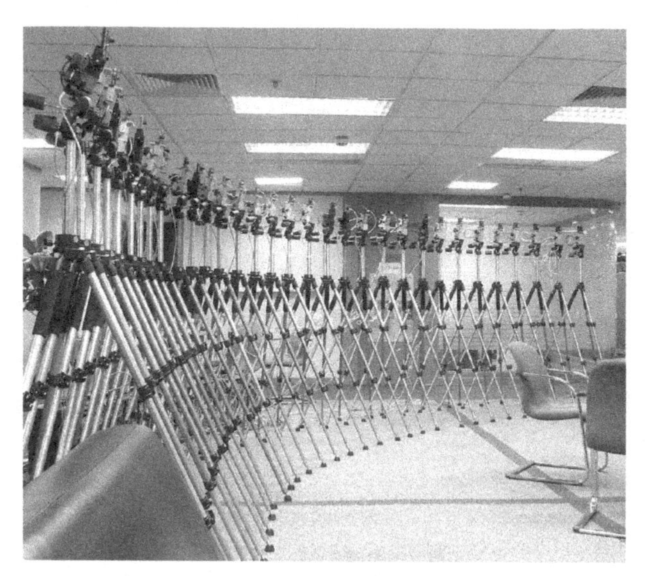

（b）32个摄像机的弧度排列

图 1.4 摄像机的排列

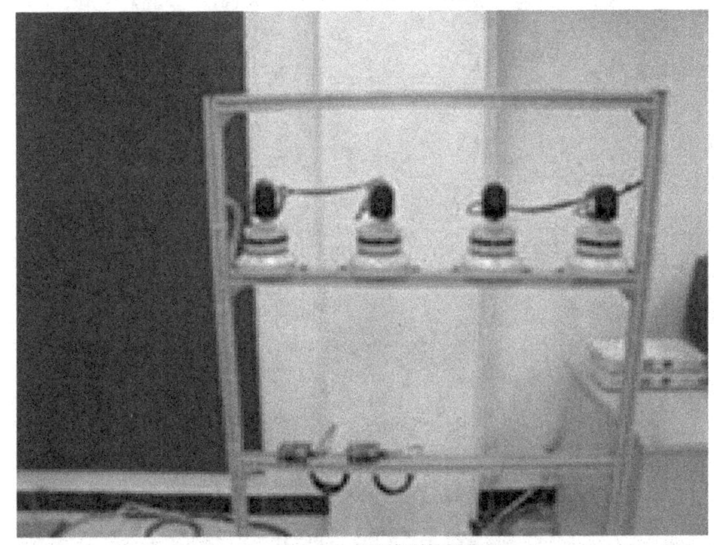

（a）4个水平排列的摄像机

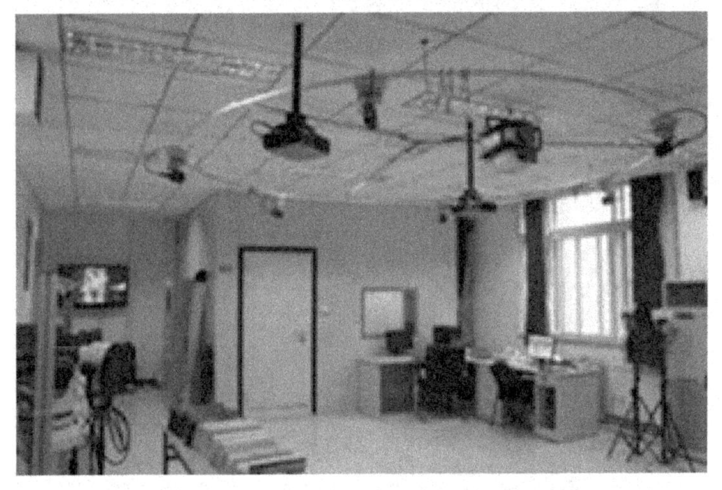

（b）6个环形排列的摄像机

图 1.5 笔者所在研究团队搭建的采集设备

当前，多视点视频技术有巨大的应用价值和研究价值。从应用角度来说，多视点视频有广泛的应用前景，如可以应用在3D电视[10,11]、交互式自由视点系统[12,13]及虚拟现实[14~16]等诸多实际应用中；从技术角度来说，多视点视频涉及视频采集、编码、传输、重建等诸多关键技术。因此，多视点视频技术在学术界和工业界受到越来越多的关注[17]。

多视点视频不仅可以给人们带来视觉感观上的巨大冲击，也可以让人们更加方便地了解和透视身边的客观世界。由于多视点视频拥有庞大的数据量，其相应的存储和传输非常困难，因此多视点视频的压缩在实际应用中非常重要。

1.2 多视点视频编码的研究现状

多视点视频编码（Multiview Video Coding，MVC）通过去除同一视点内时间上的相关性和不同视点的视点间相关性，在保证重建视频质量的条件下减少传输码率，实现多视点视频的有效压缩。根据当前多视点视频编码方法，本节主要从基于传统2D视频编码的多视点视频编码研究、基于运动估计和视差估计的多视点视频编码研究、基于合成视点预测的多视点视频编码研究、分布式多视点视频编码研究及基于多描述编码的多视点视频编码研究5个方面介绍多视点视频编码的研究现状。

1.2.1 基于传统 2D 视频编码的多视点视频编码研究

1. Simulcast 多视点视频编码

压缩多视点视频最直接的方法是 Simulcast 法，即独立压缩每路视频，如可以利用先进的视频压缩标准 H.264/AVC[18]压缩每路视频。这种方法没有利用不同视点间的预测，从而实现了低编码复杂度和低解码延迟。

以不对称的立体视频编码为例，其中一个视点使用精细的量化器，另一个视点使用粗糙的量化器[19]，实现两个视点解码后的质量不一样，即其中一个视点视频的质量比另一个视点视频的质量要差，这种编码方式可以节省大量码率，但长时间观看这样的视频，观看者的眼睛会很疲劳。相应的，文献[20]提出周期性改变左右视点视频质量，以缓解观看者眼睛的疲劳。如何利用不对称编码满足人类视觉特性，仍然有待研究。这种方法的最大缺陷是没有利用视点间相关性，其编码效率还有待提高。

2. 兼容的立体视频编码

为有效地利用当前广泛使用的单一视点视频设备，出现了立体视频的兼容形式，即将立体视频转换为包含两个视点视频的单一视频序列。在一般情况下，左右视频先被采样，然后合并成一个视频序列。

当前，存在多种采样内插的形式，如空间采样有水平采样和垂直采样两种简单模式。水平采样可以左右组合；垂直采样可以上下组合；

还可以时间采样，即左右视频交叉组成一个视频。采用时间采样方法，每个视点的帧率虽然减小了，但其分辨率不变，因此，整体数据量与原来一致。

这种兼容模式在空间或时间上的采样，丢失了一些空间或时间上的信息。由于这种兼容模式可以在解码端直接利用原来的解码器，因此，可以很快地应用在市场中。

1.2.2 基于运动估计和视差估计的多视点视频编码研究

为提高多视点视频编码的有效性，需要去除多视点视频时间上的相关性和视点间的相关性。最早研究多视点图像编码的 Lukacs[21] 提出了视差补偿帧间预测的概念。此后，Dinstein 等人[22]比较了立体图像压缩中预测编码的方法和 3D 块变换的方法。在文献[23]中，Perkins 提出了变换域的视差补偿预测技术。在文献[24]中，Grammalidis 提出了一种多视点视频编码视差估计的方法及相应的编码方法。

多视点视频编码标准是基于运动估计和视差估计的编码算法。第一个支持 MVC 的国际标准是 1996 年基于 H.262/MPEG-2 视频编码标准的修正草案，这个标准仅支持两个视点的编码。在该设计中，左视点为基本视点，它的编码和传统单一视点的编码是兼容的；右视点为增强视点，它以左视点为参考帧实现视点间的预测。针对增强视点的编码，利用了一些 H.262/MPEG-2 视频编码中的算法，但参考帧的选择不是一样的。这个参考帧可以是增强视点中的一帧，也可以是基本视点中的一帧。图 1.6 为基本视点和增强视点的预测形式。在这个方法中也使用了一些其他编码方法，如用来增强时域鲁棒性的帧率增强方法[25~28]。

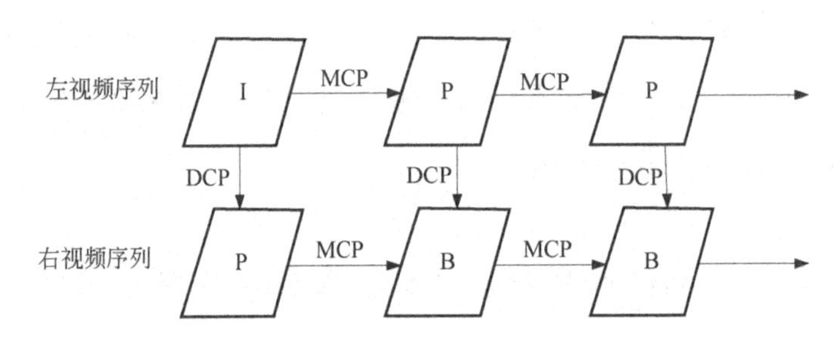

图 1.6 基本视点和增强视点的预测形式

I—帧内编码帧；P—单向预测编码帧；B—双向预测编码帧；

MCP—运动补偿预测；DCP—视差补偿预测

鉴于视频压缩技术的进步和先进多视点视频编码技术的需求，MPEG 在 2005 年 10 月发行了征求有效多视点视频编码技术的提案。尽管没有明确需求，所有提案应该基于先进视频压缩标准 H.264/MPEG-4，并且包含视间预测的一些方法[29]。文献[30]相对基于 H.264/MPEG-4 的 Simulcast 编码，改进了视觉效果。文献[31]的提案能够提供更好的视觉质量。这些提案没有引入代码的改变，并且 MVC 的解码仅需要在当前 H.264/MPEG-4 的芯片上进行简单的改变。这些方法构成了 JMVM 1.0。后来，利用不同参考帧和实时编码方法减少编解码的延迟，出现了并行输入和并行输出的结构[32~34]。这些提案构成了 JMVM 2.0[35]。

如图 1.7 所示，在多视点视频压缩标准中，通常定义一个 GOP（Group of Picture）[36,37]，每行是同一个视点内时间连续的视频，每列是同一时间相邻视点的视频。在图 1.7 中，$X_{2,3}$表示由第二个摄像机获取的第三个时刻的视频帧。同一行中的视频之间时间相关性可以用（运动补偿预测 Motion Compensation Prediction，MCP）减少时间冗余；同一列中视频之间的视点间相关性可以用视差补偿预测（Disparity Compensation Prediction，DCP）减少视差冗余[5]。多视点视频编码就是通过去除时间相关性和视点间相关性达到视频压缩的目的。

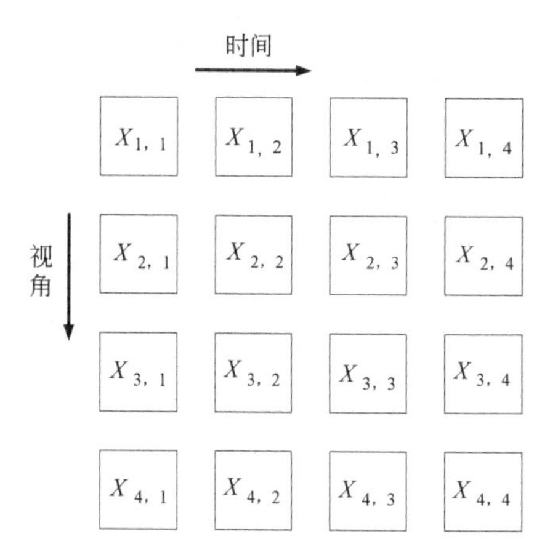

图 1.7　T=4 和 V=4 的多视点视频图像

这种基于运动估计和视差估计的多视点视频编码主要侧重高效性的研究，并且在其基础上已经有了压缩标准，JVT 给出参考软件 JMVM[35,38]。图 1.8 为 JMVM 的分级 B 形式的预测结构。从图 1.8 可以看出，JMVM 利用运动估计和视差估计有效去除同一视点内时间相关性和不同视点的视点间相关性。文献[39]指出，基于运动估计和视差估计的多视点视频编码比 Simulcast 法有更高的编码效率。文献[40]用大量实验证明，当重建视频的质量相当时，基于运动估计和视差估计的多视点视频编码能减少 20%的码率。

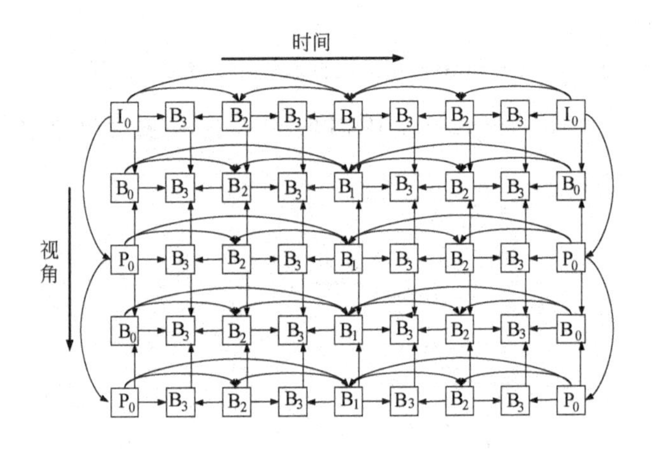

图 1.8　JMVM 的分级 B 形式的预测结构

1.2.3　基于合成视点预测的多视点视频编码研究

尽管利用视点间相关性的视差估计能有效提高编码效率，但视差估计方法假设帧间运动是平移的，这并不能准确地表达不同摄像机之间的几何相关性，因此基于视差估计的方法也有缺陷。例如，在不同的视点中，一个目标有不同的深度信息，出现的视差可能比搜寻窗口大。另外，旋转和缩放也很难用平移运动来建模。一种可以代替视差估计预测的是合成视点预测（View Synthesis Prediction，VSP），即预测目标视点合成一个新的视点，这首先要利用两个不同视点之间的几何相关性，然后利用这个合成的视点作为参考帧预测需要编码的目标帧。根据视点合成的方法 DIBR（Depth-Image-Based Rendering）或 IBR（Image-Based Rendering），把基于 VSP 的多视点视频编码分成两类：第一类是基于深度信息的多视点视频编码；第二类是基于视点内插的多视点视频编码。

1. 基于深度信息的多视点视频编码

基于深度信息的多视点视频编码利用相应的深度信息通过 DIBR 得到合成的视点，其关键问题是深度图像的压缩，即在考虑深度图像特有性质的基础上，如何压缩深度数据，才能达到较高的压缩效率。在深度图像中，目标内部像素具有同象性，目标边缘及其邻近区域具有明显的边缘特性。不同于传统的自然图像，在深度图像中高频信息尤为重要。传统的视频压缩算法是保存低频信息、模糊高频信息，显然，这类算法不适用于深度图像。另外，深度信息可以映射为从原始参考视点到虚拟视点的偏移值，深度信息的错误编码将导致合成视点中像素的错误偏移，这种错误偏移主要集中在物体的边界。因此，在压缩深度信息的过程中，保护深度边界尤为重要。

压缩深度图像一开始仍然用传统的视频编码方法，如用 H.264/AVC 或 JMVC 压缩深度信息[41]。这些方法不仅要考虑深度图像编码的率失真（RD）优化，也要考虑合成视点的质量。为了提高深度图像编码效率，可以先对深度图像进行采样[42]；解码之后，再基于物体轮廓保护深度图像的边界，得到精确的边界信息；最后，应用上采样恢复原来的分辨率。文献[43]提出了另一种深度图像编码方法，通过一个简单的线性函数估计分析前景和背景，使有边界的任意块包含两部分信息，一部分是前景深度信息，另一部分是背景深度信息。

基于深度信息的多视点视频编码与基于视差估计的方法相比，尽管它能提高合成视点的质量，但它需要编码和传输深度信息，因此增加了带宽。

2. 基于视点内插的多视点视频编码

除了基于深度信息的预测，视点内插也能应用在多视点视频编码中。基于视点内插的多视点视频编码需要两个相邻的视点合成一个预测目标帧的虚拟参考帧，先计算视差图，然后再由相应的左右视点内插得到中间视点的每个像素。在编码端，利用相邻视点的解码帧得到视差图，这与解码端得到的视差图是一样的，因此，不需要额外的比特传输视差图。

文献[44]提出了基于视点内插的多视点视频编码方法。在此方法中，先得到给定时间和视点位置的内插帧，再将得到的内插帧作为参考帧。另外，文献[44]还提出了利用颜色纠正的方法纠正亮度和色度，这可以补偿不同摄像机之间的差异，增强基于视点内插预测的有效性。但是，这种方法仅限于所有摄像机为水平排列的情况。

为了处理更一般排列的摄像机获得的多视点视频，文献[45]提出了基于校准的视点内插（Rectification based View Interpolation，RVI）方法。它利用投影矫正的方法[46,47]矫正两个视点。该方法涉及两个视点基础矩阵的计算和重采样，以保证两个视点是水平的，并且有匹配的核线。在文献[48]中，用一个视差估计的纠正方法得到内插视点，这个方法不需要摄像机参数，并且对摄像机配置几乎没有要求，因此适用于无序排列摄像机和摄像机参数未知的多视点视频系统。文献[49]改进了文献[45，46]的方法，提出了一种改进的 RVI 方法，并且应用在多视点视频编码中。

上面提到的基于内插的多视点视频编码方法能够处理基于左视点和右视点的视点合成。如果这些方法应用在多视点视频编码中，VSP 仅能够得到已知两个视点的中间视点，不能得到已知视点的外部视点。为了解决这个问题，文献[49]提出了基于校准的视点外插（Rectification based View Extrapolation，RVE）。该方法可以基于左边的两个视点或右边的两个视点得到外部视点，VSP 能够应用在所有视点的预测编码中。

1.2.4 分布式多视点视频编码研究

为满足低能耗设备的需求、避免摄像机之间的通信及降低编码端的复杂度，文献[50～53]研究了分布式多视点视频编码。文献[50，51]基于 Wyner-Ziv 理论提出了一个可以在实际中应用的分布式多视点视频编码框架。文献[52]研究了分布式单一视点视频编码和分布式多视点视频编码，提出了相应的系统框架，并研究了一些关键技术，如边信息的产生、相关模型的估计和错误隐藏等。文献[53]提出了一种可以得到更好边信息的方法，从而提高整体的编码性能。这些方法均基于分布式视频编码。

分布式视频编码（Distributed Video Coding，DVC）在编码端独立编码，在解码端联合解码（见图 1.9），即在解码端利用信源之间的相关性，实现具有高运算复杂性的运动估计。分布式视频编码的理论基础有 Slepian-Wolf（SW）理论[54]和 Wyner-Ziv（WZ）理论[55]。SW 理论对应的是 SW 编码器，可以实现无损编码；WZ 理论对应的是 WZ 编码器，是 SW 编码器的扩展，用来实现有损编码。WZ 编码器可看作是由 SW 编码器和量化器组成的。

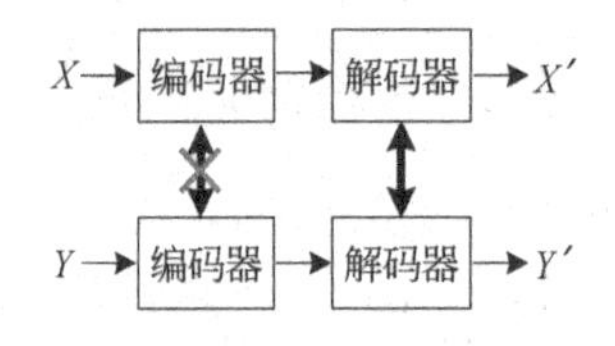

图 1.9　独立编码与联合解码

设 X 和 Y 是统计相关独立同分布的随机序列，利用分布式视频编码的理论：对于无损的独立编码、联合解码的分布式视频编码来说，可以采用码率 $R_X \geqslant H(X|Y)$ 和 $R_Y \geqslant H(Y|X)$ 分别进行独立编码，其总的码率可以达到 $R_X + R_Y \geqslant H(X, Y)$，即在分布式视频编码中，尽管对 X 和 Y 分别进行了独立编码，其总的码率仍然能达到联合熵 $H(X, Y)$。这与传统的联合编码、联合解码所用的码率是相同的。然而，编码端的独立编码避免了运算复杂度较高的运动估计，降低了编码

端的复杂度，因此分布式视频编码在降低编码端复杂度的情况下，仍然可以达到传统编码的编码效率。当前，出现了一些低能耗的处理设备，可以先用分布式视频编码处理信息，然后再把处理的信息传到信息中心。

低复杂度的分布式多视点视频编码，就是利用独立编码、联合解码的分布式视频编码，在不影响编码效率的情况下，降低编码端复杂度，避免编码端摄像机之间的通信，大大提高多视点视频编码的实时性和实用性。

1.2.5 基于多描述编码的多视点视频编码研究

在多视点视频编码中，当编码码流遇到网络丢包或比特传输错误时，解码质量会严重下降。为提高多视点视频编码的鲁棒性，将具有鲁棒的多描述编码（Multiple Description Coding，MDC）应用在多视点视频编码中。2006 年，文献[56]提出了两种基于多描述编码的立体视频编码方法，分别是基于空间采样 SS-MDC 和基于时间采样的 MS-MDC。2008 年，文献[57]结合深度信息将可伸缩的多描述编码应用在 3D 视频中。为更好地认识具有鲁棒的多描述编码，下面简单介绍一下多描述编码。

多描述编码通过产生多个相互独立但同时又具有一定相关性的码流（描述）刻画同一信号。各个描述是相互独立且同等重要的，每个描述可以独立地重建原信号，其重建质量是可以接受的，该解码称为边路解码；收到的描述越多，重建的信源质量越好，当所有描述都收到时，重建信源的质量最好，称为中心路解码。显而易见，在多描述编码中，即使丢失一些信息，收到的描述也能重建原信号。因此，多描述编码有效地解决了传输误差和重建误差引起的错误累加问题。

图 1.10 所示为两个描述的多描述编码的基本模型。当只收到描述 1 或描述 2 时，通过边路解码器 1 或边路解码器 2，可以得到边路的重建图像；当两个描述都收到时，通过中心路解码器，可以得到中心路的重建图像。从图 1.10 可以看出，边路的重建质量比中心路的重建质量差一些，但还是可以接受的。

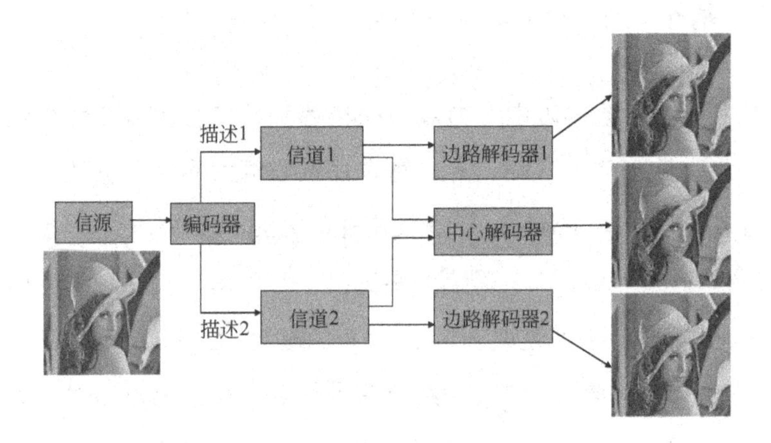

图 1.10　两个描述的多描述编码基本模型

1.3　本书内容安排与组织结构

本书先介绍了多视点视频编码的研究背景、意义及其研究现状。目前，多视点视频编码的研究现状主要有以下 5 个方面：基于传统 2D 视频编码的多视点视频编码研究、基于运动估计和视差估计的多视点视频编码研究、基于合成视点预测的多视点视频编码研究、分布式多视点视频编码研究及基于多描述编码的多视点视频编码研究。其中，1.2.4 节简单介绍了分布式多视点视频编码的基本理论和基本框架，同时也介绍了多描述编码的基本框架和特点。

当前，为了有效去除时间相关性和视点间相关性，大部分多视点视频编码采用了复杂的预测模式（如 JMVM 利用分层 B 形式的预测模式），这类编码方法在编码端具有较高的运算复杂度，并且需要摄像机之间自由通信，但这是非常不实际的。为了降低编码端的复杂度、避免摄像机之间的通信及有效地利用边信息的相关性，本书基于贝叶斯准则研究了多边信息的联合条件概率密度函数，并将其应用在多边信息的分布式视频编码和多边信息的分布式多视点视频编码中，以此提高编码效率。

为了使当前广泛应用的基于视频压缩标准的单一视点视频压缩设备能方便地处理多视点视频，本书研究了兼容标准的高效立体视频编码方法。为了保障视频的实时性，使用了 GOP 模式；同时，为了有效地去除时间冗余和视差冗余，本书研究了基于灵活预测模式和基于自适应预测结构的兼容标准的立体视频编码方法。在自适应预测结构中，为了降低计算量，利用视频低频信息的时间相关性和视点间相关性，调整 GOP 内的预测模式。

传统的多视点视频编码对传输和重建误差是非常脆弱的。为了提高多视点视频编码的鲁棒性，本书进一步研究了多描述多视点视频编码，并且提出了内插补偿预处理的方法，以提高每块的重建质量。然后，针对多描述多视点帧内编码，研究了基于随机偏移量化器和均一偏移量化器的多描述多视点帧内编码。

本书的组织结构如下。

第 1 章，介绍了多视点视频编码的研究背景、意义及其研究现状。同时，本章还简单介绍了分布式视频编码和多描述编码的基本理论和基本框架。

第 2 章，为了降低编码端的复杂度、避免摄像机之间的通信及更好地利用同一视点内的边信息和视点间的边信息，研究了多边信息的分布式多视点视频编码方法。同时，研究了基于贝叶斯准则的多边信息联合条件概率密度函数，并将其应用在 LDPCA 解码和重建中，从而提高编码效率。

第 3 章，为了使立体视频编码算法能够在当前广泛应用的基于视频压缩标准的 2D 视频硬件中直接使用，本书提出了兼容标准的立体视频编码方法。首先定义一个 GOP，然后根据 GOP 内各帧之间时间相关性和视点间相关性，研究了基于灵活预测模式和基于自适应预测结构的兼容标准高效立体视频编码方法。在自适应预测结构中，为了降低计算复杂度，只考虑了低频信息的时间相关性和视点间相关性。

第 4 章，为了提高多视点视频编码对传输误差和重建误差的鲁棒性，进一步研究了鲁棒的多描述多视点视频编码方法。首先，针对多视点帧内编码，研究基于随机偏移量化器和均一偏移量化器的多描述多视点帧内编码，得到两种方法的期望失真表达式，并对其进行优化；然后，针对多视点帧间编码，研究基于内插补偿预处理鲁棒的多描述立体视频编码。

第 5 章，总结本书主要工作，并对未来的工作进行展望。

2

多边信息的分布式多视点视频编码

为了降低多视点视频编码器编码端的复杂度、避免摄像机之间的通信及更好地利用边信息，本章首先研究多边信息的分布式视频编码；同时，研究基于贝叶斯准则的多边信息联合条件概率密度函数，并且将其应用在单一视点视频的分布式视频编码中。其次，基于该方法，研究多边信息的分布式多视点视频编码。最后，用实验结果证明所提方法的有效性。

2.1 引言

多视点视频编码就是通过去除同一视点中的时间相关性和不同视点间的视差相关性，达到视频压缩的目的。截至目前，在已经出现的各种各样的多视点视频编码技术中，相关性的利用是在编码端实现的，即在摄像机端利用时间相关性和视点间相关性。这确实提高了编码效率，但在实际应用中，仍然存在一些缺点。例如，当去除时间上和视点间的相关性时，采用运动估计和视差估计往往具有较高的计算复杂度，这对摄像机处理速度的要求是非常高的。另外，当利用视点间相关性时，不同视点的摄像机之间需要自由通信，这在实际中通常是不可能的。因此，这种多视点视频编码方法很难在实际中应用。

分布式信源编码（Distributed Source Coding，DSC）能够很好地解决这个问题，它采用独立编码、联合解码的模式，将计算复杂度高的运动估计运算转移到解码端。DSC 的编码运算复杂度低，已经应用于其他编码框架，如多描述编码[58,59]、多视点视频编码[51]和交互式的多视点视频[60]系统。

在许多实际的分布式视频编码方法（如 DISCOVER[61,62]系统框架）中，视频序列被分成两部分：关键帧和 WZ 帧（Wyner-Ziv 帧）。关键帧的编码和解码是通过传统的帧内视频编码、解码实现的。WZ 帧在编码端也是帧内编码，利用信道码产生校验比特流作为压缩的比特流。在解码端，WZ 帧通过利用校验位和边信息实现帧间解码，边信息是由解码的关键帧产生的。因此，在解码端需要 WZ 帧和边信息的统计相关模型，从而更好地利用边信息。$Y=X+Z$ 能够用来表示 WZ 帧和边信息的模型。其中，X 表示 WZ 帧，Y 表示边信息，Z 表示相关噪声。在一般情况下，假设相关噪声具有拉普拉斯分布。因此，边信息的质量和相关噪声的估计决定了解码端的效率。文献[63]提出基于单一边信息的最优化重建方法。文献[64]从信息论的角度证明，使用多个边信息能提高 DSC 的编码效率。在典型的 DVC 框架中，利用相邻关键帧的前向运动估计和后向运动估计可以得到 WZ 帧的两个边信息。为了更好地利用多个边信息，需要得到所有边信息的联合条件概率密度函数（Probability Density Function，PDF），然而现在还没有它的近似表达式。以前也用一些方法估计这种联合条件概率密度函数。在文献[63]中，用平均两个边信息各自的条件概率密度函数作为两个边信息的联合条件概率密度函数。文献[65]提出了一种线性权重的联合条件概率密度函数，边信息的相关噪声参数决定了各自的权重。

文献[50～53]研究了分布式多视点视频编码。在分布式多视点视频编码系统中，既具有时间相关性的边信息，又具有视差相关性的边信息。为了有效利用多边信息，本章研究了多边信息的分布式多视点视频编码系统。同时，也研究了基于贝叶斯准则的多边信息联合条件概率密度函数，并将其应用在多边信息的分布式视频编码和多边信息的分布式多视点视频编码中。本章将基于贝叶斯准则的多边信息联合条件概率密度函数简称为贝叶斯联合条件概率密度函数，以便与文献[65]提出的线性权重联合条件概率密度函数进行比较。最后，实验结果表明，当边信息质量较好时，本章提出的贝叶斯联合条件概率密度函数能得到更好的实验效果，并且相关实验也证明本章所提出多边信息的分布式多视点视频编码系统的有效性。

本章余下部分组织如下：2.2 节描述了本书研究的基于贝叶斯准则的多边信息分布式视频编码系统框架，并且研究了多边信息的贝叶斯联合条件概率密度函数，并且在系统中应用最优化重建方法和最新的分类相关噪声参数估计方法；2.3 节给出了低复杂度、基于贝叶斯准则的多边信息分布式多视点视频编码，从而更好地利用同一视点内具有时间相关性的边信息和视点间具有视差相关性的边信息；在 2.4 节中，与文献[65]实验结果进行对比，证明本章研究的基于贝叶斯联合条件概率密度函数的单一视点多边信息 DVC 系统和多边信息分布式多视点视频编码的有效性；2.5 节对本章的工作进行小结。

2.2 多边信息分布式视频编码

2.2.1 系统描述

本章提出的多边信息分布式视频编码（Multi-Hypothesis Distributed Video Coding，MHDVC）基于当前先进的 DVC 框架——DISCOVER 系统[62]。图 2.1 所示为多边信息分布式视频编码的基本框架。视频序列分成关键帧和 WZ 帧，本章主要考虑一个 WZ 帧在两个关键帧之间的情况。关键帧采用 H.264 的帧内模式编码和解码。WZ 帧在编码端独立编码，在解码端基于边信息的帮助实现联合解码，边信息是由解码的关键帧得到的。

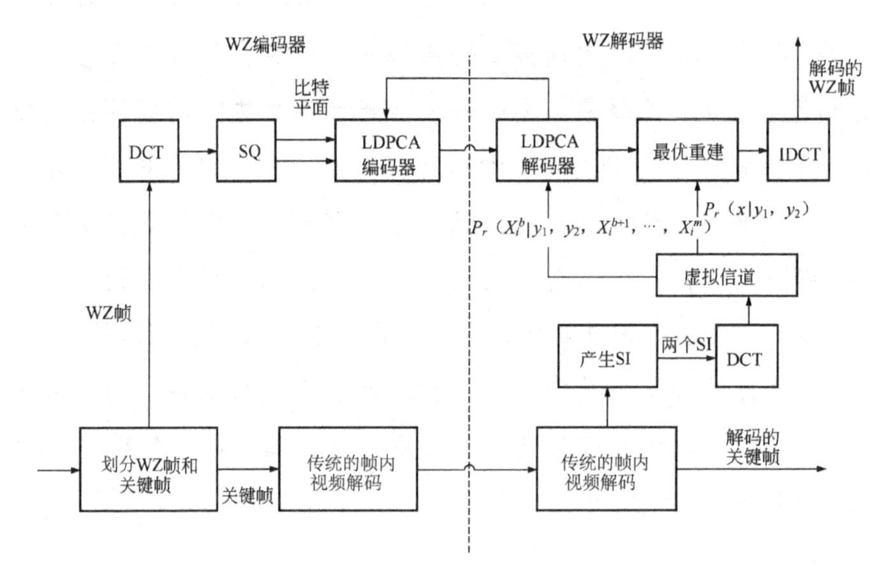

图 2.1　多边信息分布式视频编码的基本框架

SQ—标量量化器；SI—边信息

从图 2.1 可以看出，WZ 帧首先通过 4×4 的离散余弦变换（Discrete Cosine Transform，DCT）；其次，利用标量量化器量化得到量化索引，其中使用了文献[62]中的量化矩阵；再次，将量化索引的比特平面传输到 LDPCA[66]编码端，用来产生校验位；最后，将校验位传输到解码端，传输的校验位数由 LDPCA 解码自适应决定。

在解码端，由解码的关键帧通过前向运动估计运动补偿和后向运动估计运动补偿分别得到两个边信息。图 2.2 所示为前向预测和后向预测多边信息的产生过程。这两个边信息通过 DCT，得到这两个边信息 DCT 域的联合条件概率密度函数 $P_r(x|y_1, y_2)$。$P_r(x|y_1, y_2)$将在 LDPCA 解码和最后的重建中用到。

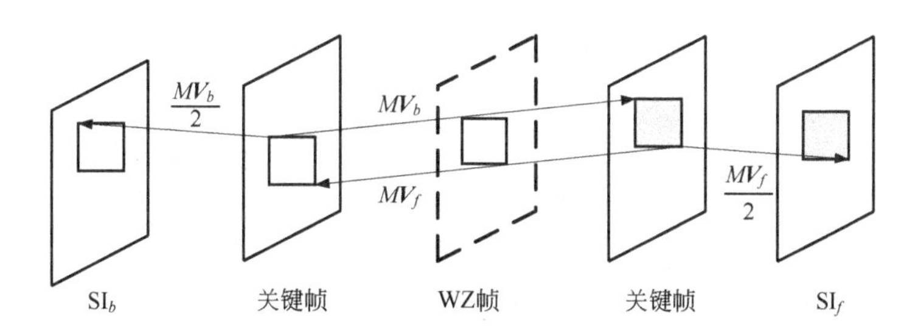

图 2.2 前向预测和后向预测的多边信息产生过程

MV_b—后向运动矢量；MV_f—前向运动矢量；SI_b—后向边信息；SI_f—前向边信息

为了使 WZ 帧和相应边信息的相关噪声模型更准确，本章利用了当前最先进的分类方法[67]。在这种分类方法中，每帧的每个 DCT 子带的所有系数根据两个边信息的相关性（冗余能量）分成几类，每类有各自的拉普拉斯参数。

LDPCA 解码端根据接收的校验位、已经得到的高比特平面和联合条件概率密度函数，利用置信传播（BP）算法对 WZ 帧进行解码。在置信传播算法中，使用可信度传播，并且每个比特可信度基于信道模型和接收的比特。这种比特可信度的定义为 LLR（Lg-Likelihood Ratio）[64]：

$$\mathrm{LLR}(i,\ b)=\ln\left[\frac{P_r\left(X^b=0\middle|y_{1i},\ y_{2i},\ X^{b+1},\ \cdots,\ X^m\right)}{P_r\left(X_i^b=1\middle|y_{1i},\ y_{2i},\ X_i^{b+1},\ \cdots,\ X_i^m\right)}\right] \tag{2-1}$$

式中，i 表示第 i 个值，b 表示要解码的比特位，m 表示比特位。

图 2.3 所示为在利用一个边信息的情况下，求条件概率 $P_r\left(X_i^{m-2}=1\middle|y_i,\ X_i^{m-1}=0,\ X_i^m=1\right)$ 的示例。在 LDPCA 开始解码时，只传一小部分校验位到解码端。如果解码失败，反馈信道要求编码端传输更多检验位，直到成功解码为止。

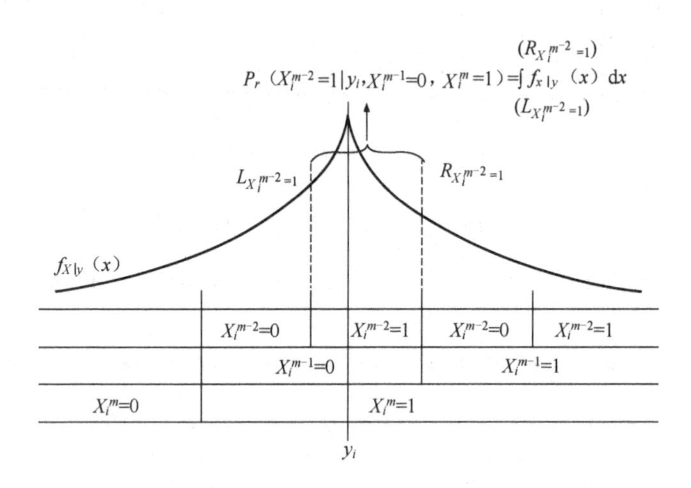

图 2.3 条件概率的示例

LDPCA 解码之后，能够得到 WZ 帧的量化 DCT 系数。由于该量化系数只代表了一种量化范围，需要通过一种重建方法得到更准确的值。这种重建方法利用边信息和相应的相关噪声模型得到更好的原始系数，2.2.2 节将介绍这种最优的重建方法。最后，通过 IDCT 得到重建的 WZ 帧。

2.2.2　最优重建

1．单一边信息的最优重建

文献[68]提出了一个边信息的最优重建表达式。假设信源和相应边信息的条件概率密度函数为 $f_{X|y}(x)$，并且假定原始系数的量化范围为 $[z_i, z_{i+1}]$。原始系数的最优估计能通过最小均方误差（Minimal Mean-Squared Error，MMSE）得到，其计算公式为

$$\hat{x}_{\text{opt}} = E\left[x \middle| x \in [z_i, z_{i+1}], y\right] = \frac{\int_{z_i}^{z_{i+1}} x f_{X|y}(x) \mathrm{d}x}{\int_{z_i}^{z_{i+1}} f_{X|y}(x) \mathrm{d}x} \tag{2-2}$$

式中，x 和 y 分别为信源信息和边信息。

由式（2-2）可以看出，最优重建值是 x 在 $[z_i, z_{i+1}]$ 中的质点。其中，条件概率密度函数具有拉普拉斯分布，其表达式为

$$f_{X|y}(x) = \frac{\alpha}{2} \exp - \alpha |x - y| \tag{2-3}$$

式中，α 与拉普拉斯分布方差 σ^2 相关，$\alpha^2 = \frac{2}{\sigma^2}$。

由文献[63]可得，式（2-2）的近似表达式。当 $\alpha = 0$ 时，也

就是边信息和原始信息没有关系时，$\hat{x}_{\text{opt}}=\frac{z_i+z_{i+1}}{2}$。由式（2-3）可以看出，当边信息和WZ帧更相关时，α的值更大。当$\alpha\to\infty$时，$\hat{x}_{\text{opt}}$可由下面的公式近似得到

$$\hat{x}_{\text{opt}}=\begin{cases} z_i, & y<z_i \\ y, & y\in(z_i,\ z_{i+1}) \\ z_{i+1}, & y\geqslant z_{i+1} \end{cases} \tag{2-4}$$

2. 两个边信息的联合条件概率密度函数及其最优重建

文献[64]提出在解码端利用多个边信息时，DVC 系统具有更高的编码效率。首先，看一下当DVC系统利用两个边信息时，其最优重建方法。假设这两个边信息分别是y_1和y_2，并且相应的条件概率密度函数分别是$f_{X|y_1}(x)$和$f_{X|y_2}(x)$，这两个条件概率密度函数的表达式为

$$f_{X|y_1}(x)=\frac{\alpha_1}{2}\exp(-\alpha_1|x-y_1|) \tag{2-5}$$

$$f_{X|y_2}(x)=\frac{\alpha_2}{2}\exp(-\alpha_2|x-y_2|) \tag{2-6}$$

式中，α_1和α_2分别由两个边信息估计得到。

当在解码端利用两个边信息时，也可利用联合条件概率密度函数$f_{X|y_1,\ y_2}(x)$，文献[63]提出一种简单的平均方法，其表达式为

$$f_{X|y_1,\ y_2}(x)=\frac{1}{2}\left[f_{X|y_1}(x)+f_{X|y_2}(x)\right] \tag{2-7}$$

相应的最优重建x可通过下面的公式得到

$$\hat{x}_{\text{opt}} = \frac{\int_{z_i}^{z_{i+1}} x f_{X|y_1, y_2}(x) \mathrm{d}x}{\int_{z_i}^{z_{i+1}} f_{X|y_1, y_2}(x) \mathrm{d}x} \tag{2-8}$$

上述方法的问题是这两个边信息具有相同的权重，在实际应用中，这两个边信息的质量肯定是不一样的。因此，文献[65]提出了一种线性权重的联合条件概率密度函数

$$f_{X|y_1, y_2}(x) = w_1 f_{X|y_1}(x) + w_2 f_{X|y_2}(x) \tag{2-9}$$

$$w_1 = \frac{\alpha_1^2}{\alpha_1^2 + \alpha_2^2}$$

$$w_2 = \frac{\alpha_2^2}{\alpha_1^2 + \alpha_2^2} \tag{2-10}$$

例如，当边信息 y_1 更精确时，相应的 α_1 就比较大，相应的权重 w_1 也比较大，边信息 y_1 将在最后的重建中发挥更大的作用。当 $\alpha_1 = \alpha_2$ 时，这种线性权重的方法就等同于文献[63]提出的均值方法。

2.2.3 基于贝叶斯准则的联合条件概率密度函数和相关噪声模型

1. 基于贝叶斯准则的联合条件概率密度函数

2.2.2 节介绍的两种多边信息的联合条件概率密度函数 $f_{X|y_1, y_2}(x)$ 是 $f_{X|y_1}(x)$ 和 $f_{X|y_2}(x)$ 的线性组合，但没有任何理论支持这种表达方式。本节将利用贝叶斯理论得到两个边信息的联合条件概率密度函数 $f_{X|y_1, y_2}(x)$。

将 $f_{X|y_1, y_2}(x)$ 简化为 $f(x|y_1, y_2)$，根据贝叶斯公式，则 $f_{X|y_1, y_2}(x)$ 的

表达式为

$$f\left(x|y_1, y_2\right)=\frac{f\left(x, y_1, y_2\right)}{f\left(y_1, y_2\right)}=\frac{f\left(y_1, y_2|x\right)f\left(x\right)}{f\left(y_1, y_2\right)} \tag{2-11}$$

通常假定 $y_i=x+e_i$，其中 e_i 是均值为 0 的拉普拉斯分布函数。假定在已知 x 的情况下，e_1 和 e_2 是独立的，可以得到 $f\left(y_1, y_2|x\right)=f\left(y_1|x\right)f\left(y_2|x\right)$。再次代入贝叶斯公式，则联合条件概率密度函数 $f_{X|y_1, y_2}\left(x\right)$ 进一步表达为

$$\begin{aligned}f\left(x|y_1, y_2\right)&=\frac{f\left(y_1|x\right)f\left(y_2|x\right)f\left(x\right)}{f\left(y_1, y_2\right)}\\&=\frac{\dfrac{f(x|y_1)f(y_1)}{f(x)}\dfrac{f(x|y_2)f(y_2)}{f(x)}f(x)}{f(y_1, y_2)}\\&=\frac{\dfrac{f\left(x|y_1\right)f\left(x|y_2\right)f\left(y_1\right)f\left(x_2\right)}{f\left(x\right)}}{f\left(y_1, y_2\right)}\\&=\frac{f\left(x|y_1\right)f\left(x|y_2\right)f\left(y_1\right)f\left(x_2\right)}{f\left(x\right)f\left(y_1, y_2\right)}\end{aligned} \tag{2-12}$$

将式（2-12）代入式（2-2），$f\left(y_1\right)$、$f\left(y_2\right)$ 及 $f\left(y_1, y_2\right)$ 可抵消。x 的最优重建表达式为

$$\begin{aligned}\hat{x}_{\text{opt}}&=\frac{\int_{z_i}^{z_{i+1}}xf_{X|y_1, y_2(x)}\mathrm{d}x}{\int_{z_i}^{z_{i+1}}f_{X|y_1, y_2(x)}\mathrm{d}x}\\&=\frac{\int_{z_i}^{z_{i+1}}x\dfrac{f_{X|y_1}\left(x\right)f_{X|y_2}\left(x\right)}{f\left(x\right)}\mathrm{d}x}{\int_{z_i}^{z_{i+1}}\dfrac{f_{X|y_1}\left(x\right)f_{X|y_2}\left(x\right)}{f\left(x\right)}\mathrm{d}x}\end{aligned} \tag{2-13}$$

由式（2-13）可以看出，$f(x)$是必须的。$f(x)$可由双向运动估计的边信息 Y_0 得到。实验证明，实验结果对 $f(x)$ 是不敏感的，所以也用拉普拉斯模型模拟 $f(x)$。最终，$\hat{x}_{\mathrm{opt}}$ 的表达式为

$$\hat{x}_{\mathrm{opt}}=\frac{\int_{z_i}^{z_{i+1}} x\frac{\frac{\alpha_1}{2}\exp\left(-\alpha_1\left|x-y_1\right|\right)\frac{\alpha_2}{2}\exp\left(-\alpha_2\left|x-y_2\right|\right)}{\frac{\alpha}{2}\exp\left(-\alpha\left|x\right|\right)}\mathrm{d}x}{\int_{z_i}^{z_{i+1}}\frac{\frac{\alpha_1}{2}\exp\left(-\alpha_1\left|x-y_1\right|\right)\frac{\alpha_2}{2}\exp\left(-\alpha_2\left|x-y_2\right|\right)}{\frac{\alpha}{2}\exp\left(-\alpha\left|x\right|\right)}\mathrm{d}x}$$

$$=\frac{\int_{z_i}^{z_{i+1}} x\exp\left(-\alpha_1\left|x-y_1\right|-\alpha_2\left|x-y_2\right|+\alpha\left|x\right|\right)\mathrm{d}x}{\int_{z_i}^{z_{i+1}}\exp\left(-\alpha_1\left|x-y_1\right|-\alpha_2\left|x-y_2\right|+\alpha\left|x\right|\right)\mathrm{d}x} \tag{2-14}$$

2. 分类的相关噪声模型

文献[67]提出了一种先进的分类相关噪声模型。实验结果表明，这种模型能提高 DVC 系统的编码效率，本书研究的方法中采用这种分类的相关噪声模型。在该方法中，α_1 和 α_2 能在不同的分类图表中找到，这种分类表是基于边信息的相关性得到的。α_1 和 α_2 的训练数据由四个序列 Salesman、Grandma、Carphone 和 Highway 得到。α_1 和 α_2 的表格是由原始 WZ 帧和相应的边信息冗余帧得到的。但是，在解码端需要决定每个系数属于哪一类，本书用双向预测的边信息 Y_0 和各自边信息的冗余帧划分。在本章中，把这些噪声相关系数分成八类，每类的数目基本相同。对于每类而言，都能得到该类

的相关噪声参数（α_1和α_2）。α_1和α_2的冗余帧可由式（2-15）得到，即

$$R_i(x, y) = \mathrm{WZ}(x, y) - Y_i(x, y), \quad i=1, 2 \tag{2-15}$$

决定α_1和α_2属于哪一类的冗余能量，可由式（2-16）得到，即

$$E_i(x, y) = \frac{1}{MN}\sum_{x=1}^{M}\sum_{y=1}^{N}\left[Y_i(x, y) - Y_0(x, y)\right]^2, \quad i=1, 2 \tag{2-16}$$

式中，M和N为块的尺寸，本章取M=N=4。

用来分组的阈值是基于冗余能量的。另外，当量化参数不同时，这些边信息（Y_1、Y_2和Y_0）的质量是不同的。因此，对于不同的量化参数和边信息，需要有不同的阈值。

2.3 基于贝叶斯准则的多边信息分布式多视点视频编码

图 2.4 所示为 MHDMVC 的结构。在这个系统中，首先把多视点视频分成关键帧和 WZ 帧，奇数视点的奇数帧和偶数视点的偶数帧作为关键帧，奇数视点的偶数帧和偶数视点的奇数帧作为 WZ 帧。在编码端，没有利用视频之间的相关性，不仅降低了编码端的复杂度，也避免了摄像机之间的通信，因此分布式多视点视频编码更具实际意义。同时，为了更好地利用具有时间相关性的边信息和具有视差相关性的边信息，这个系统还利用了多边信息的联合条件概率密度函数。

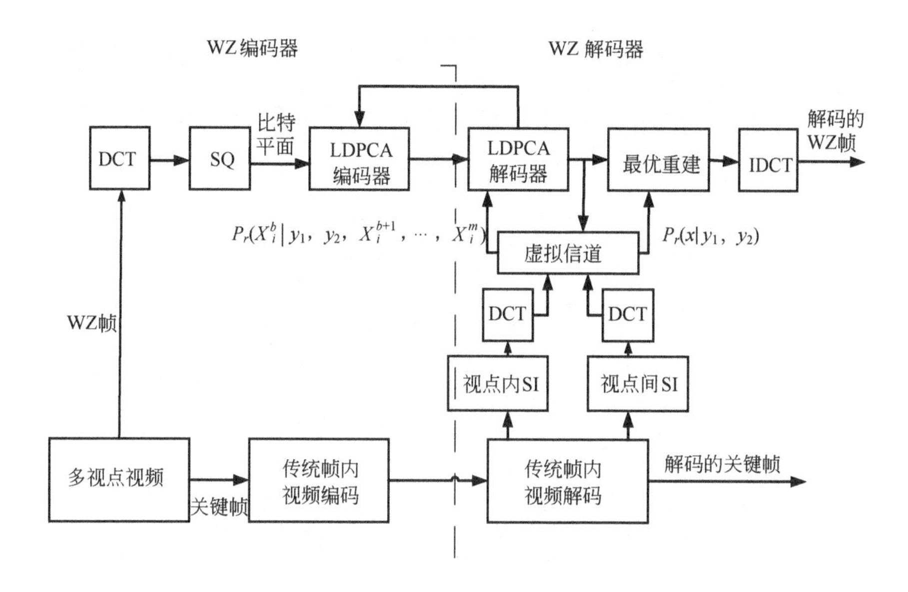

图 2.4 MHDMVC 的结构

SQ—标量量化器；SI—边信息

（1）关键帧的编解码。从图 2.4 可以看出，关键帧以传统的帧内编码模式（H.264 Intra 编码模式）编码，然后在解码端由相应的传统帧内解码模式（H.264 Intra 解码模式）解码。

（2）WZ 帧的编解码。WZ 帧首先经过 DCT 得到 DCT 系数，然后 DCT 系数经过标量量化器量化得到量化索引。量化索引按比特平面进行重组，经过 LDPCA[69]编码得到校验位，最后将校验位传给解码端。

（3）在解码端，首先解码的关键帧生成两个边信息（见图 2.5），I 表示解码的关键帧；W 表示需要解码的 WZ 帧；SI_{Intra} 表示同一视点间的边信息，它由运动补偿内插得到；SI_{Inter} 表示视点间的边信息，由视差补偿内插得到。这两个边信息分别经过 DCT 和虚拟信道得到 LDPCA 解码和最优重建需要的联合条件概率密度函数，其理论详见 2.2 节。最后，经过 IDCT 得到重建的 WZ 帧。

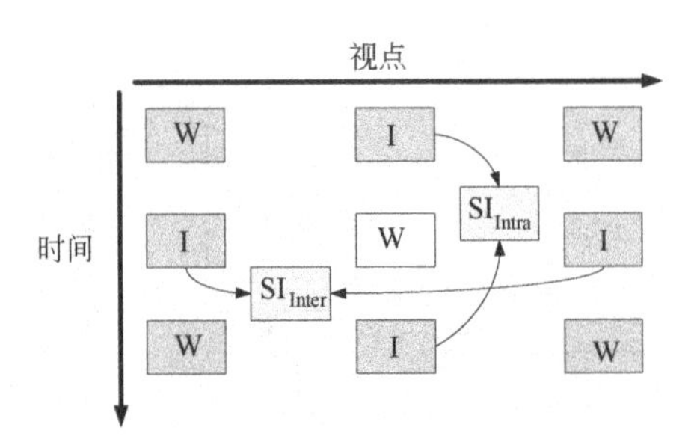

图 2.5　MHDMVC 边信息的产生

2.4　实验结果

2.4.1　不同二进制码的实验结果

在该方法中，DCT 系数被量化，并且将量化的比特平面发送到 LDPCA 编码器。其中，DCT 系数具有拉普拉斯分布[70]。图 2.6 所示为 DCT 系数的分布。从图 2.6 可以看出大部分 DCT 系数分布在 0 的周围。对量化索引来说，当采用不同的二进制码时，有不同的比特平面。表 2.1 所示为量化索引和相应的二进制码。从表 2.1 可以看出，当量化索引为负数时，不同的二进制码有不同的表达形式。

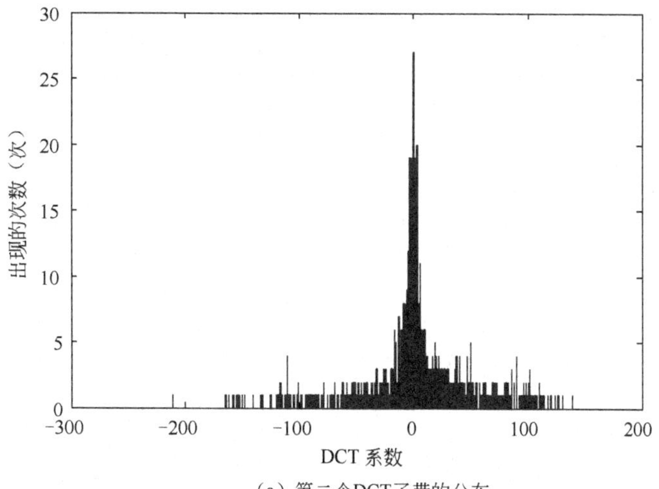

（a）第二个DCT子带的分布

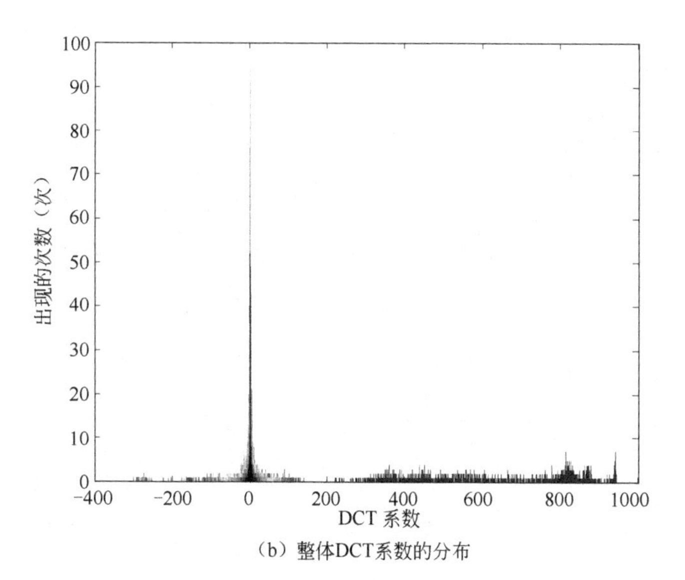

（b）整体DCT系数的分布

图 2.6 DCT 系数的分布

表 2.1 量化索引和相应的二进制码

量化索引	一般二进制码			相应的格雷码			补码			相应的格雷码		
−3	1	1	1	1	0	0	1	0	1	1	1	1
−2	1	1	0	1	0	1	1	1	0	1	0	1
−1	1	0	1	1	1	1	1	1	1	1	0	0
0	0	0	0	0	0	0	0	0	0	0	0	0
1	0	0	1	0	0	1	0	0	1	0	0	1
2	0	1	0	0	1	1	0	1	0	0	1	1
3	0	1	1	0	1	0	0	1	1	0	1	0

本章使用一般二进制码、补码及相应的格雷码。因为对连续的数字来说，格雷码只有一位是不同的。当使用不同二进制码时，各自格雷码也是不同的。当使用补码，量化 0 附近的值时，更多的 0 被利用。例如，当量化索引为−1 时，如果使用与一般二进制码的格雷码，量化比特位为“1 1 1”；如果使用补码的格雷码，量化比特位为“1 0 0”。对 LDPCA 来说，当有更多 0 时，解码器需要更少的校验位，且解码的准确率也更高。这就意味着，当使用补码时，有更高的编码效率。图 2.7 所示为不同二进制码的率失真曲线。从图 2.7 可以看出，用补码的效果比用一般二进制码的效果要好。因此，下面的实验都使用补码。从图 2.7 也可以看出，使用一般二进制码的结果和 DISCOVER[62]是相似的。

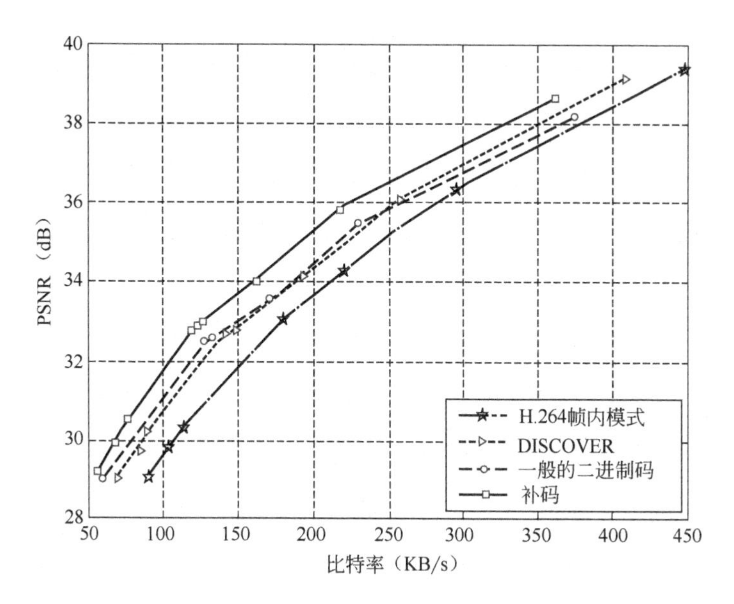

图 2.7 不同二进制码的率失真曲线

PSNR—峰值信噪化

2.4.2 多边信息分布式视频编码的实验结果

首先，比较 H.264 的帧内模式、DISCOVER[62]、多边信息 DVC 用线性权重的联合条件概率密度函数[65]和多边信息 DVC 用本书研究的贝叶斯联合条件概率密度函数。DISCOVER 是当前比较先进的 DVC 方案。测试的视频序列是 Foreman（有 Siemens 标志）和 Hallmonitor。分辨率为 176×144 像素（Pixel），帧率为 15fps。

图 2.8（a）和图 2.8（b）所示分别为 Foreman 和 Hallmonitor 的实验结果。关键帧用 H.264 的帧内模式进行压缩，并且相应的量化参数与文献[62]给出的一致。实验结果表明，使用联合条件概率密度函数的多边信息 WZ 视频编码比 H.264 的帧内模式和 DISCOVER[62]更有效。从文献[62]

只能得到 Foreman 的 DISCOVER 结果。因此，图 2.8（b）中 Hallmonitor 的 DISCOVER 结果是笔者仿真实现的。这种近似结果是由 2.2 节中提到的 DVC 系统得到的。从图 2.7 可以看出，当使用一个边信息和一般二进制码时，本书 DVC 系统的实验结果与 DISCOVER 的结果是相似的。

从图 2.8 可以看出，利用线性权重的条件概率密度函数[65]比利用贝叶斯联合条件概率密度函数有更好的实验结果。一是因为没有精确估计 $f(x)$，即当利用线性权重的条件概率密度函数时，只利用了 $f(x|y_1)$ 和 $f(x|y_2)$；而当利用贝叶斯条件概率密度函数时，$f(x|y_1)$、$f(x|y_2)$ 和 $f(x)$ 都被利用了。因此，未来应研究如何更准确地估计 $f(x)$。二是边信息质量可能不够好。

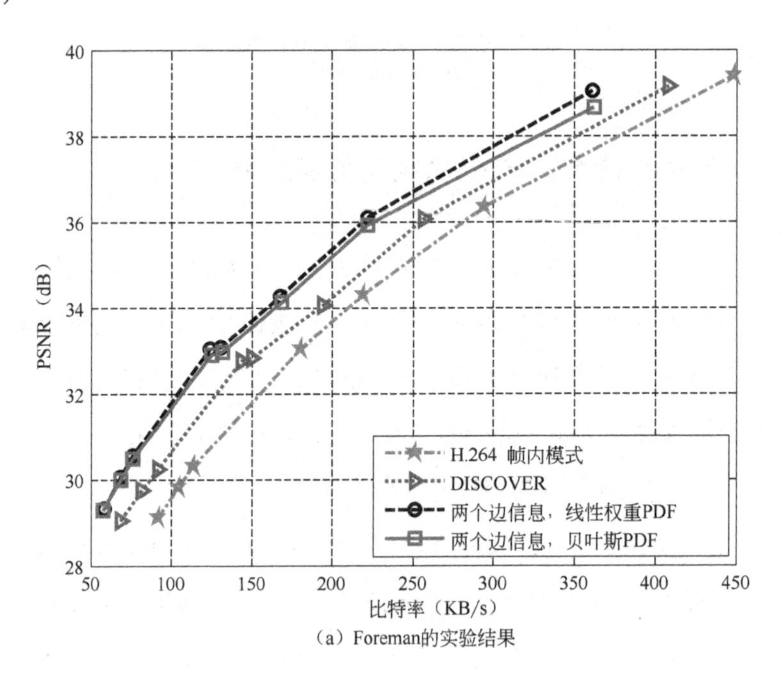

（a）Foreman的实验结果

图 2.8　Foreman 和 Hallmonitor 的实验结果

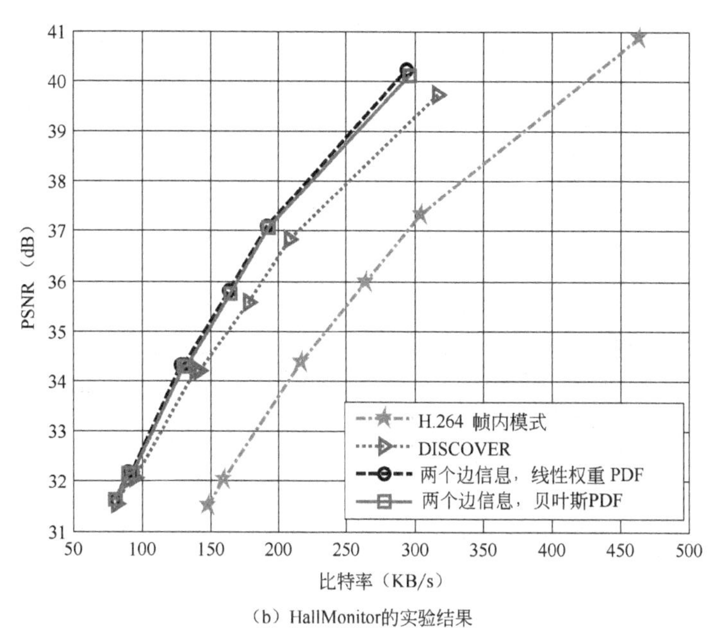

（b）HallMonitor的实验结果

图 2.8 Foreman 和 Hallmonitor 的实验结果（续）

下面，研究不同质量边信息对该系统的影响。为了模拟不同质量的边信息，定义以前的边信息为 y_i，虚拟边信息为 y_i'，则

$$
\begin{aligned}
e_i &= y_i - x \\
y_i' &= x + se_i
\end{aligned}
\tag{2-17}
$$

比例因数 s 控制边信息的质量，s 越小边信息的质量越好；当 $s=1$ 时，新的虚拟边信息就是实际利用前向运动或后向运动估计得到的边信息。

图 2.9 所示为不同边信息的率失真结果。测试的视频序列是 Foreman（有 Siemens 标志）、Mother、Costguard 和 News。关键帧用 H.264 的帧内模式进行编码，并使用文献[62]给出的量化步长。图 2.9 只给出了 WZ 帧的结果，这两种方法中关键帧都是用 H.264 的帧内模式进行压缩的，所得的结果一致，这里就不再列出了。

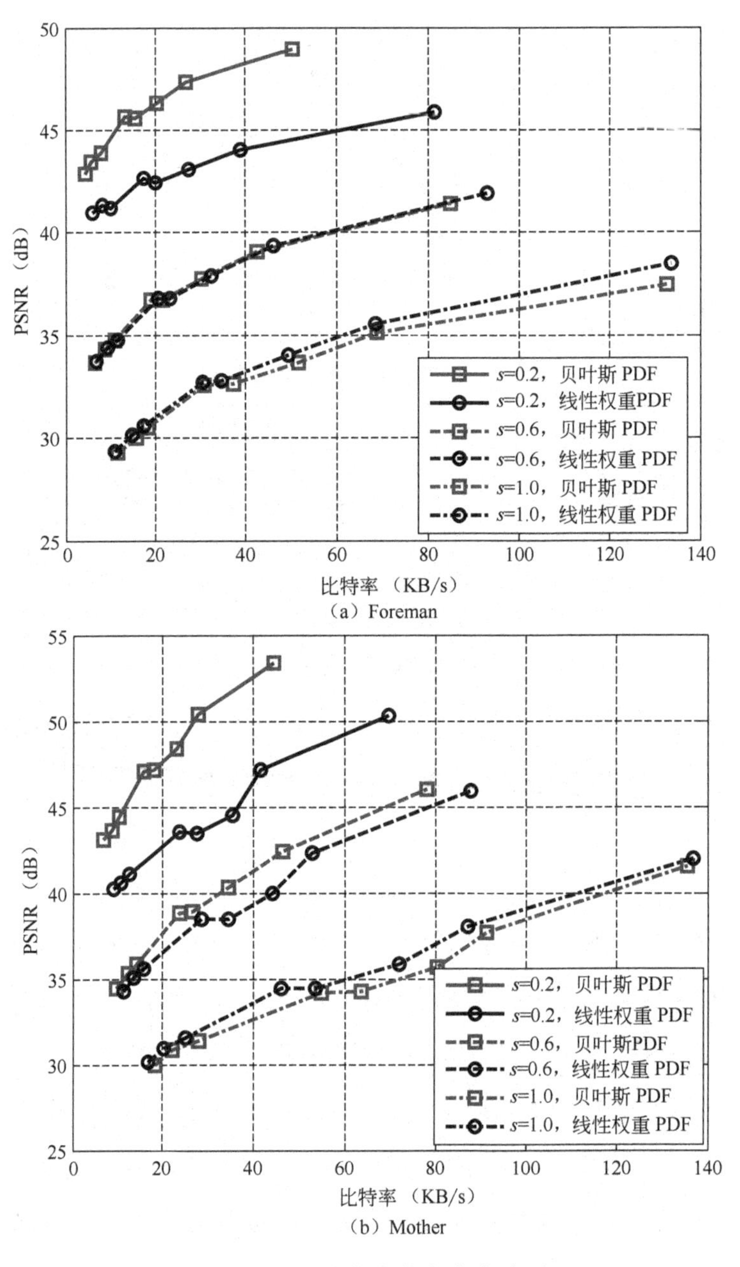

图 2.9　不同边信息的率失真结果

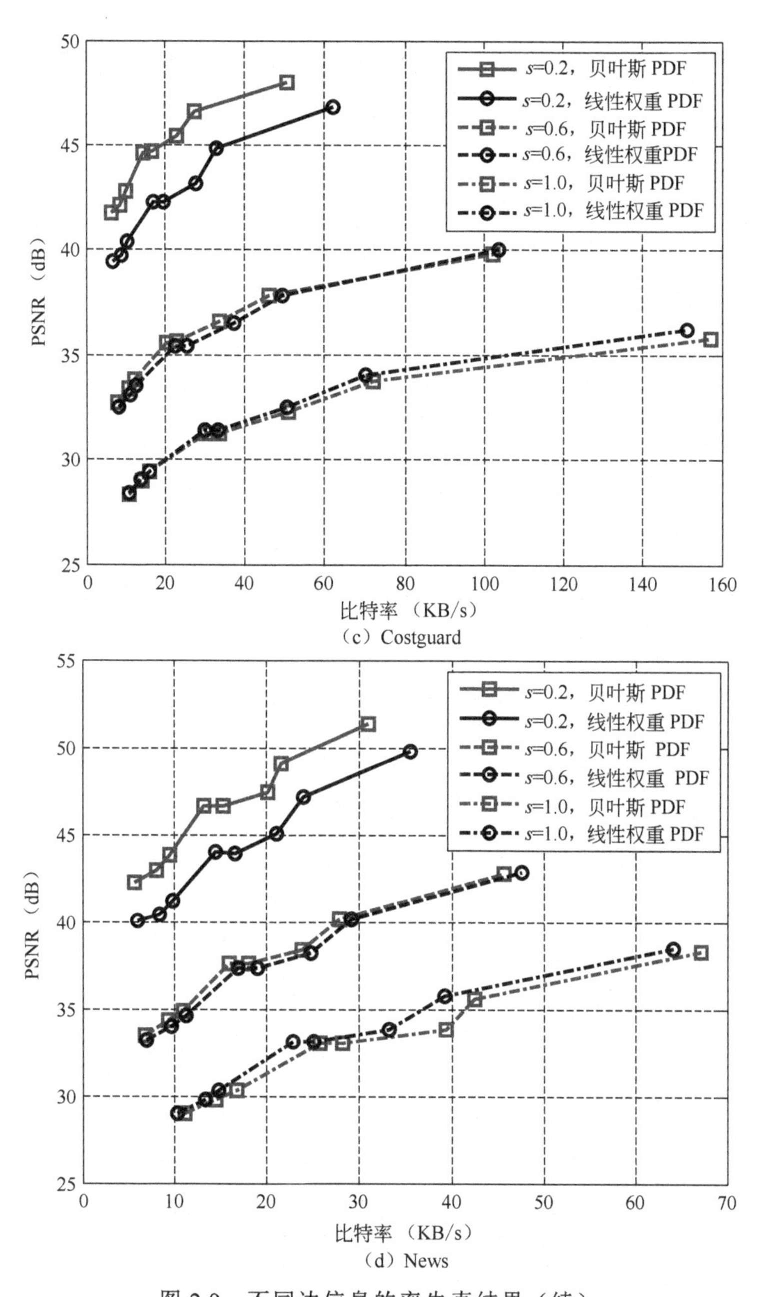

（c）Costguard

（d）News

图 2.9　不同边信息的率失真结果（续）

从图 2.9 可以看出：①当 $s<0.6$ 时，提出的贝叶斯联合条件概率密度函数比线性权重的条件概率密度函数[65]有更好的结果；②边信息越好，实验效果越好。这说明了本章研究的贝叶斯联合条件概率密度函数的有效性。还可以看出，边信息是非常重要的，未来也要研究怎样提高边信息的质量。

2.4.3 多边信息分布式多视点视频编码的实验结果

本节主要比较 2.3 节提出的方法和文献[65]提出的基于线性权重的多边信息分布式多视点视频编码方法——MHBCM。测试的视频序列为 Ballroom 和 Racel，分辨率为 640×480 像素，帧率分别为 25fps 和 30fps。

图 2.10 所示为文献[65]提出的 MHBCM 和本书研究的贝叶斯 MHDMVC 的实验结果比较。

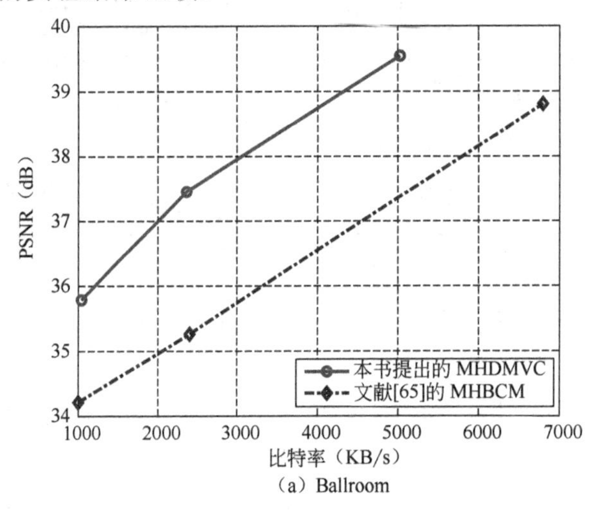

（a）Ballroom

图 2.10 实验结果比较

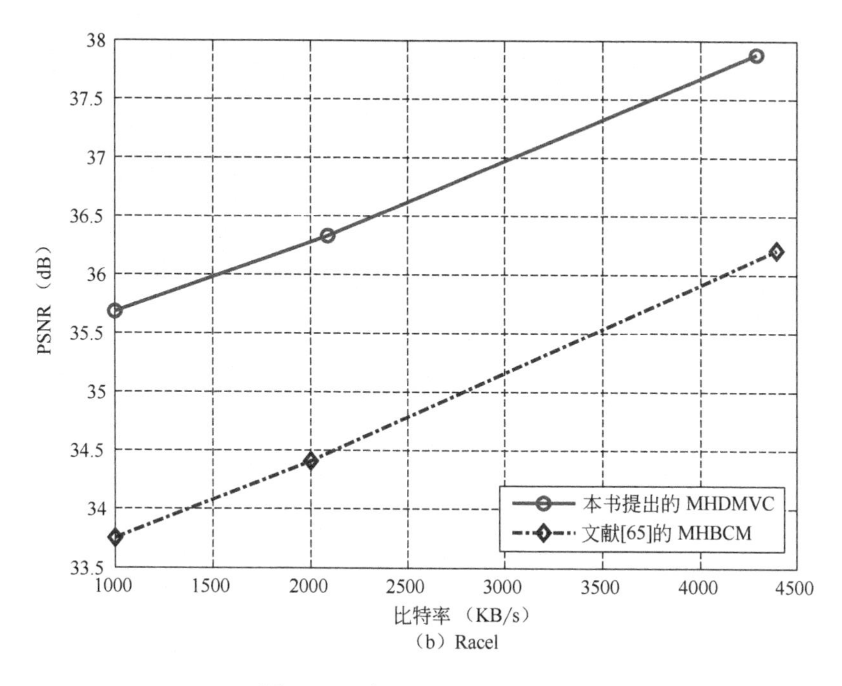

（b）Racel

图 2.10　实验结果比较（续）

从图 2.10 可以看出，本书提出方法的实验效果比文献[65]的实验效果要好，并且增益大约能达到 2dB。

2.5　本章小结

本章研究多边信息分布式多视点视频编码。首先，研究基于贝叶斯准则的多边信息联合条件概率密度函数；然后，研究基于该联合条件概率的多边信息 WZ 视频编码方法。其中，在该方法中还使用最优重建、补码和当前先进的分类相关噪声估计。另外，本章还将研究的基于贝叶斯准则的多边信息 WZ 视频编码应用在多视点视频编码中，有效降低了编码端的复杂度，避免了编码端摄像机的通信，并且更好地利用了多边信息的相关性。实验结果显示，当应用于传统单一视点视频序列时，贝叶斯方法与线性权重方法有相似的结果；当边信息更好时，贝叶斯的方法有更好的结果。同时，还比较了本书研究的贝叶斯 MHDMVC 和 Li 等人提出的 MHBCM[65]效果。实验结果表明，本书提出的方法优于以前的 MHBCM。

3

兼容标准的高效立体视频编码

在实际应用中，立体视频是使用最广泛的一种多视点视频格式。现在绝大多数编码器还是针对 2D 视频的，不能直接处理立体视频，本章基于当前先进的视频编码标准 H.264，提出具有灵活预测模式和自适应预测结构兼容标准的高效立体视频编码方法；同时，该方法有效消除了时间上和视点间的相关性。

3.1 引言

立体视频是应用最广泛的 3D 视频，它包含左右两个视频序列。这两个视频序列是由两个摄像机采集获得的。这两个摄像机的排列有两种类型，即平行排列和具有焦点的排列[71]。立体视频通过两个不同角度的视频序列展示同一场景，场景的呈现更真实、更准确[72]。由于立体视频的数据量很大，存储和传输非常困难[73]，因此本章将研究如何高效地压缩立体视频。同时，现有的编码器都是基于 2D 视频的，无法直接有效地处理立体视频，因此本章还将在现有视频压缩标准基础上，研究兼容的立体视频编码系统。

为了有效地提高编码效率，本章利用当前国际上最先进的视频压缩标准 H.264[74]。H.264 已经被 ITU-T 视频编码专家组（Video Coding Experts Group，VCEG）进一步改进，并且作为 MPEG-4 的第 10 部分[75]。H.264 相对于以前的压缩标准具有更高的编码效率。例如，H.264 与 MPEG-4 的简单模式相比，在达到同样压缩效果的情况下，能减少一半码率。同时，为了进一步提高立体视频的压缩性能，不仅要利用 MCP（Motion

Compensation Prediction）去除同一视点内的时间相关性，也要利用 DCP（Disparity Compensation Prediction）去除视点间相关性[76]。

图 3.1 所示的为一组立体视频序列。在图 3.1 中，帧 L_0 和帧 L_1 之间有时间相关性，时间相关性存在于同一视点不同时间上的视频帧中；在帧 L_0 和帧 R_0 之间有视点间相关性，视点间相关性存在于不同视点同一时间的视频帧中。尽管立体视频编码已经得到了一定发展[73,76]，但这些方法不能在当前广泛应用的单一视点视频编码器上直接应用，本章主要提出了两种兼容方法，即具有灵活预测模式和具有自适应预测结构兼容标准的立体视频编码。其中，自适应预测结构是灵活预测模式的优化。这两种方法定义了 GOP（Group of Picture），提高系统的实时性。本章中 GOP 的长度为 4，并且有四种兼容可选的预测模式[77]。自适应预测结构根据时间相关性和视点间相关性选择最好的一种预测模式；在自适应预测结构中，为了降低运算复杂度，还利用低频子带之间的相关性有效地去除时间相关性和视点间相关性，达到了较好的实验效果。

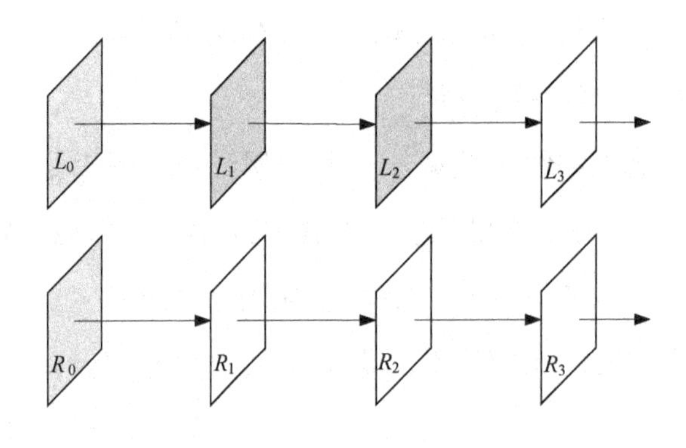

图 3.1　一组立体视频序列

本章余下部分组织如下：3.2 节介绍基于 H.264 的传统立体视频编码；3.3 节描述了本章提出的基于灵活预测模式兼容标准的立体视频编码；3.4 节介绍基于自适应预测结构兼容标准的立体视频编码；3.5 节给出了本章提出的兼容标准的高效立体视频编码实验结果；3.6 节对本章内容进行总结。

3.2 基于 H.264 的传统立体视频编码

如上所述，立体视频序列是由两个摄像机采集获得的，这两个摄像机既可以是平行排列的，也可以是具有焦点排列的。本章中讨论的立体视频是由平行摄像机获得的视频序列。文献[71]给出了如下三种基于 H.264 的立体视频编码模式。

模式 1：左视频序列和右视频序列均基于 MCP 独立编码。这种模式的框架和预测模式分别如图 3.2 和图 3.3 所示。这种模式只利用 MCP 去除时间相关性，而没有去除视点间相关性。

模式 2：左视频序列基于 MCP 编码，右视频序列基于 DCP 编码。这种模式的预测模式如图 3.4 所示。这种模式不仅利用 MCP 去除左视频序列的时间相关性，还利用 DCP 去除两个视频序列之间的视点间相关性，但没有去除右视频序列的时间相关性。

模式 3：左视频序列基于 MCP 编码，右视频序列基于 MCP+DCP 编码。这种模式的预测模式如图 3.5 所示。这种模式不仅利用 MCP 去除左视频序列和右视频序列的时间相关性，还利用 DCP 去除了两个视频序列之间的视点间相关性。

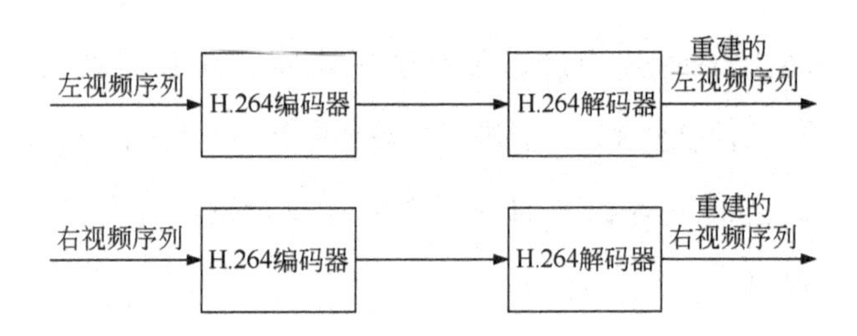

图 3.2　模式 1 的框架

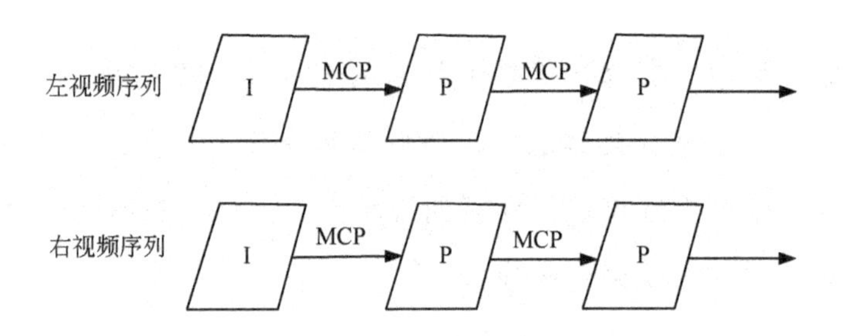

图 3.3　模式 1 的预测模式

I—帧内编码帧；P—单向预测编码帧；B—双向预测编码帧

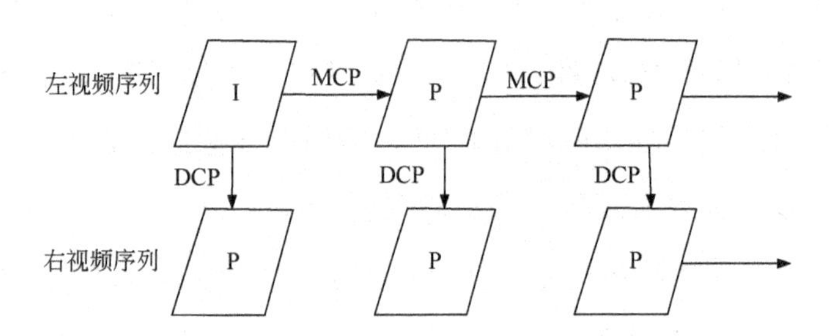

图 3.4　模式 2 的预测模式

I—帧内编码帧；P—单向预测编码帧；B—双向预测编码帧

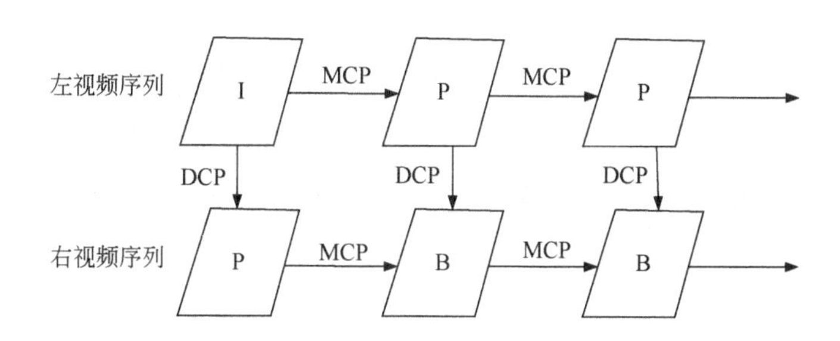

图 3.5 模式 3 的预测模式

I—帧内编码帧；P—单向预测编码帧；B—双向预测编码帧

显而易见，模式 3 有更好的编码效率，但模式 3 不能在现有视频编码器上直接实现。针对这一缺点，本章研究了兼容标准的立体视频编码，这种兼容的模式不仅使得当前视频编码器能方便地处理立体视频，还可有效地去除时间上的相关性和视点间的相关性，实现立体视频的有效压缩。

3.3 基于灵活预测模式兼容标准的立体视频编码

如 3.2 节所述，以前基于 H.264 立体视频编码的左视频序列和右视频序列是不平等的。其中，左视频序列是基本序列；右视频序列是增强序列，右视频序列有三种编码方法，这三种编码方法都不能直接应用在当前广泛使用的视频编码器上。

本节研究一种兼容标准的立体视频编码方法，并且左视频序列和右视频序列是同等重要的。这种兼容的模式可以简单描述为：左视频序列和右视频序列根据时间相关性和视点间相关性先合成一个视频序列，再利用视频压缩标准 H.264 压缩合成的序列。在介绍基于灵活预测模式兼容标准的立体视频编码之前，先介绍灵活预测模式。

3.3.1 灵活预测模式

在立体视频编码中，去除视频序列之间的时间相关性，还是去除视点间相关性，更能有效提高编码效率，这主要依赖视频序列的性质，即时间相关性强还是视点间相关性强。本节提出的灵活预测模式是在一个 GOP 内讨论的，主要考虑系统的实时性。本节提出的兼容系统首先把视频序列分成 GOP 形式，然后重组 GOP 内视频帧，重组后的 GOP 再利用 H.264 进行压缩。在本节提出的方法中，GOP 的长度为 4，即每个 GOP 包含两个左视频帧和两个右视频帧。每个 GOP 的第一帧固定为左边的奇数帧。例如，第一组的第一帧为 L_0 左边序列的第一帧，第一组的其他三帧为 L_1、R_0 和 R_1。在包含四帧的一组中，第一帧固定，所以每组应该有 $A_3^3=3\times2\times1=6$ 种排列形式。在实际应用中，考虑时间相关性和视点间相关性，只有四种组合。以第一组为例，预测结构的重组过程如下。

（1）固定 L_0 为第一组的第一帧。

（2）如果相应的时间相关性大于视点间相关性，L_1 为第二帧；如果视点间相关性大于时间相关性，R_0 为第二帧。R_1 不可能作为第二帧。

（3）当第二帧为 L_1 时，再比较它和后面帧的时间相关性和视点间相关性：如果时间相关性大于视点间相关性，则 R_0 为第三帧；如果视点间相关性比较大，则 R_1 为第三帧。当第二帧为 R_0 时，如果时间相关性比较大，则 R_1 为第三帧；反之，则 L_1 为第三帧。

图 3.6 所示的为一组 GOP 所有可能的预测结构。其中，模式 4 为第 1 章介绍的当前存在的兼容立体视频格式，即先时间采样，然后为左右内插形式。

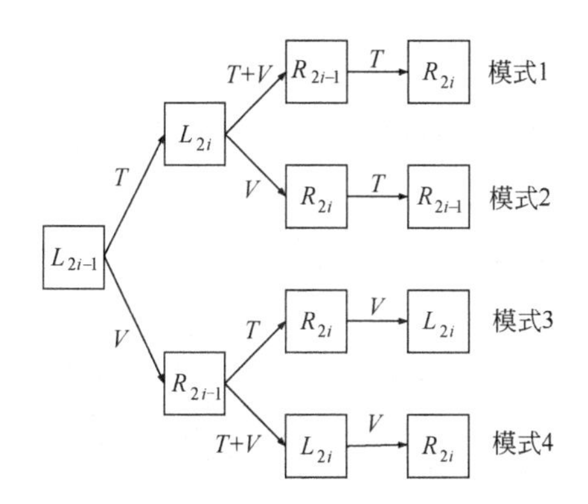

图 3.6　一组 GOP 的所有可能的预测结构

T—去除时间相关性；*V*—去除视点间相关性

从图 3.6 可以看出，一般的 GOP 有四种预测结构。如果时间相关性比视点间相关性强，应该选择模式 1 或模式 2；反之，如果视点间相关性比时间相关性强，应该选择模式 3 或模 4。

3.3.2 基于灵活预测模式的立体视频编码系统

本节研究了基于3.3.1节介绍的四种灵活预测模式兼容标准的立体视频编码系统，该系统可使当前广泛应用的视频编码器方便地处理立体视频。

图3.7所示的为兼容标准的立体视频编码框架。在编码端，左视频序列和右视频序列首先通过转换模式重组成一个视频，得到模式 i（i=1，2，3，4）的视频序列；然后模式 i（i=1，2，3，4）的视频序列通过H.264编码器进行编码。在解码端，收到的比特流由H.264解码器进行解码，解码的比特流经过逆转换处理，得到重建的立体视频序列。

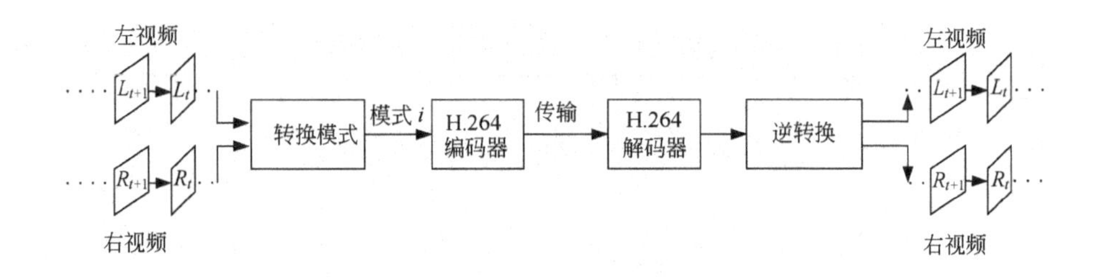

图 3.7 兼容标准的立体视频编码框架

从图3.7可以看出，转换模式是非常重要的。根据视频序列的时间相关性和视点间相关性，一组视频序列有四种转换模式（见图3.8）。如果时间相关性比视点间相关性强，采用模式1或模式2；如果视点间相关性比时间相关性强，采用模式3或模式4。如果考虑视频的内容特点和获取视频序列的两个摄像机的位置，模式 1 和模式 2 适合采集运动慢的视频，模式 3 和模式 4 适合采集两个距离近的摄像机采集的视频。

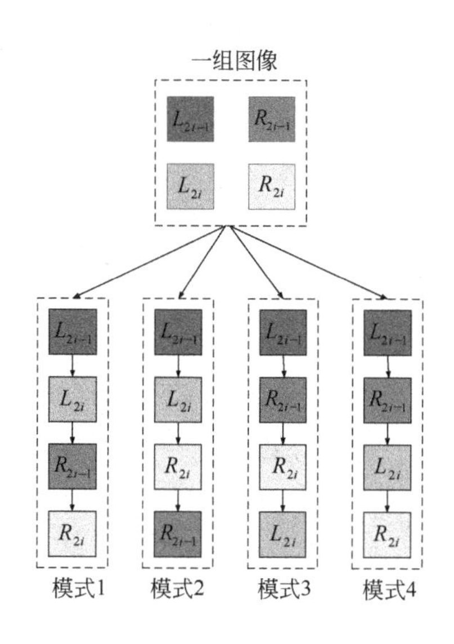

图 3.8 4 种转换模式

总之，立体视频序列能够通过转换模式转换成一个视频序列，转换后的视频序列能够利用当前广泛应用的 H.264 编码器进行编码。本节提出的方法与当前单一视点的编码器是兼容的，即这些设备能直接处理立体视频，并且有效去除立体视频的时间相关性和视点间相关性。

3.4 基于自适应预测结构兼容标准的立体视频编码

本节介绍具有自适应预测结构兼容标准的立体视频编码系统。自适应预测结构是前面介绍的灵活预测模式的一种优化，下面先介绍自适应预测结构。

3.4.1 自适应预测结构

如 3.3.1 节所述，当一个 GOP 包含四帧视频时，每个 GOP 有四种预测结构。但是，3.3.1 节并没有给出一种有效的算法来判断哪种预测模式是最优的。在本节中，笔者提出了一种自适应的模式转换方法，能够找出每个视频序列每个 GOP 的最优预测模式。图 3.9 所示的为自适应模式转换方法。

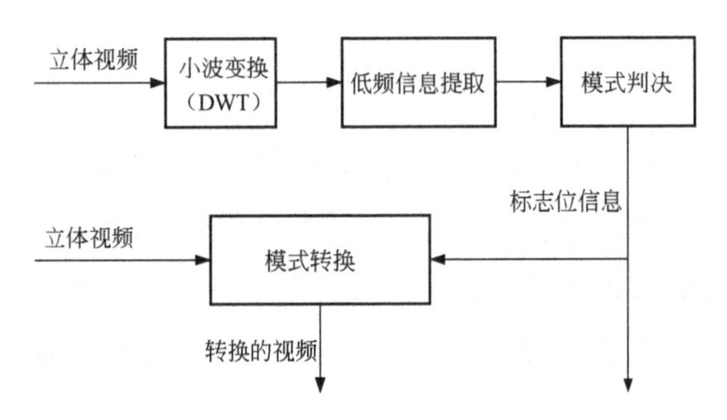

图 3.9　自适应模式转换方法

为了降低计算复杂度，这里只考虑低频子带的时间相关性和视点间相关性。低频子带包含原始视频的大部分能量，低频信息的相关性能有效表示原始视频的相关性，并且能用来降低计算复杂度。从图 3.9 可知，自适应模式转换的过程如下：①立体视频序列经过小波变换（DWT），得到低频子带信息；②低频子带经过模式判决处理，模式判决的过程如图 3.10 所示；③经过模式判决之后，能够得到模式的标志位 S_m；④根据 S_m 将立体视频转换成最优预测模式。

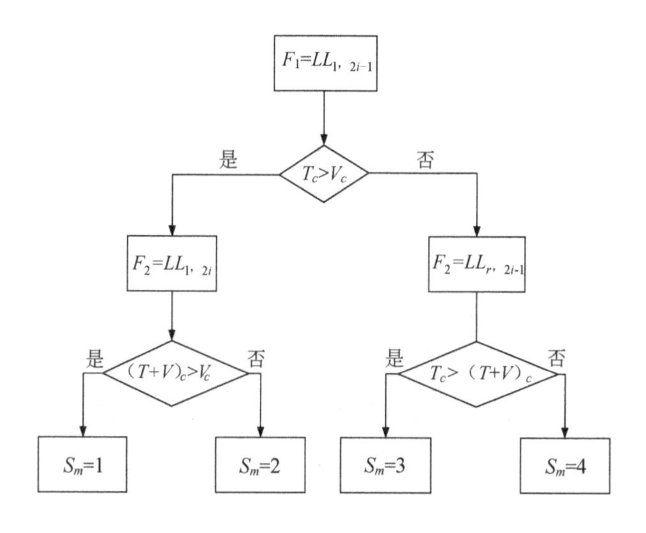

图 3.10　模式判决的过程

模式判决在模式转换中非常重要。在图 3.10 中，F_1表示当前模式判决的第一帧。$LL_{1,\ 2i-1}$表示左边第 $2i-1$帧的低频子带。同理，$LL_{1,\ 2i}$和 $LL_{r,\ 2i-1}$分别表示左边第 $2i$帧和右边第 $2i-1$帧的低频子带。T_c和 V_c分别表示时间相关性和视点间相关性。以第二帧的判别为例，图 3.11 所示的为时间相关性 T_c、视点间相关性 V_c与相关帧的视频低频子带关系。

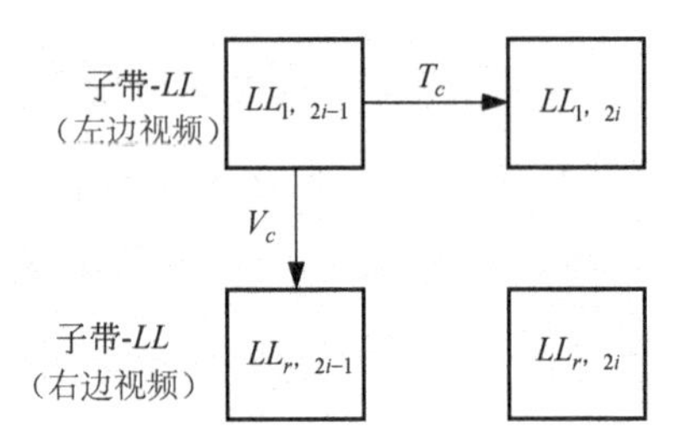

图 3.11 时间相关性 T_c、视点间相关性 V_c 与相关帧的视频低频子带的关系

T_c 和 V_c 的计算公式分别为

$$T_c = 10\lg \frac{255^2 h_{\text{row}} l_{\text{col}}}{\sum_{i=1}^{h_{\text{row}}}\sum_{i=1}^{l_{\text{col}}}\left[LL_{1,\ 2i}^{c}(i,\ j) - LL_{1,\ 2i}(i,\ j)\right]^2} \tag{3-1}$$

$$V_c = 10\lg \frac{255^2 h_{\text{row}} l_{\text{col}}}{\sum_{i=1}^{h_{\text{row}}}\sum_{i=1}^{l_{\text{col}}}\left[LL_{r,\ 2i-1}^{c}(i,\ j) - LL_{r,\ 2i-1}(i,\ j)\right]^2} \tag{3-2}$$

式中，h_{row} 和 l_{col} 分别表示视频低频子带的高度和宽度；$LL_{1,\ 2i}^{c}$ 和 $LL_{r,\ 2i\text{-}1}^{c}$ 分别表示由第一帧 $LL_{1,\ 2i-1}$ 对 $LL_{1,\ 2i}$ 和 $LL_{r,\ 2i-1}$ 的预测补偿帧。

模式判决的过程如下：

（1）固定 $LL_{1,\ 2i-1}$ 为第一帧。

（2）判断哪个低频子带作为第二帧：如果 $T_c > V_c$，表示时间相关性大于视点间相关性，$LL_{1,\ 2i}$ 作为第二帧；否则，$LL_{r,\ 2i-1}$ 作为第二帧，表示视点间相关性大于时间相关性。

（3）当 $LL_{1,\ 2i}$ 为第二帧时，如果 $(T+V)_c > V_c$，$S_m = 1$，否则 $S_m = 2$；当 $LL_{r,\ 2i-1}$ 为第二帧时，如果 $T_c > (T+V)_c$，$S_m = 3$，否则 $S_m = 4$。

经过模式判决后，能够得到模式标志位 S_m，利用 S_m 实现模式转换。如果 S_m 为 i（i=1，2，3，4），就能得到模式为 i 的视频。根据时间相关性和视点间相关性，可以得到每组的最优预测模式。模式 1 和模式 2 适用于时间相关性较强的立体视频，模式 3 和模式 4 适用于视点间相关性较强的立体视频。

本节研究的自适应模式转换，能够使重组的预测结构更有效地去除时间相关性和视点间相关性，这种自适应预测结构本质上是 3.3.1 节研究的灵活预测模式的改进。

3.4.2 基于自适应预测结构的立体视频编码系统

如 3.2 节所述，以前的立体视频编码无法直接应用在现有编码器上，并且时间相关性和视点间相关性不能得到有效利用。本节基于 3.4.1 节研究的自适应预测结构，研究了基于自适应预测结构兼容标准的立体视频编码系统。

图 3.12 所示的为基于自适应预测结构兼容标准的立体视频编码。本节研究的自适应预测结构，能有效去除时间相关性和视点间相关性。利用研究的兼容立体视频编码系统，当前的单一视点视频编码器能够方便地处理立体视频，并且利用了当前最先进的视频压缩标准 H.264。①左视频和右视频经过自适应模式转换；②转换后的视频序列用 H.264 编码器编码；③信息标志位 S_m 由熵编码器编码（本节使用的熵编码算法为算术编码），编码的比特流传输到解码端；④在解码端，压缩的视频比特流和压缩的信息标志位分别由 H.264

解码器和熵解码器解压缩；⑤利用信息标志位 S_m，通过逆转换得到重建的立体视频序列。

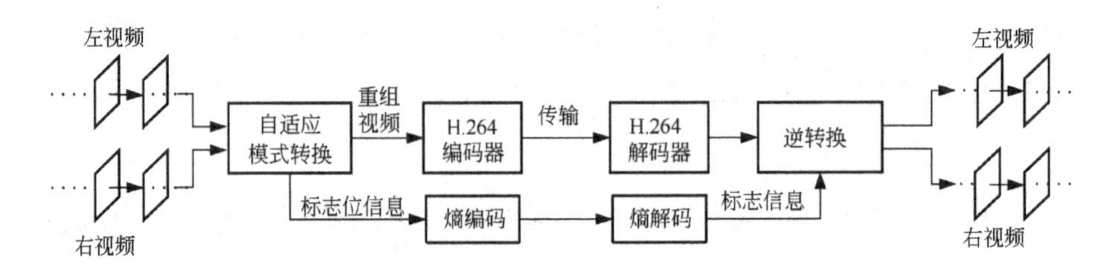

图 3.12　基于自适应预测结构兼容标准的立体视频编码

3.5　实验结果

本节给出了基于灵活预测模式和自适应预测结构兼容标准的立体视频编码系统的实验结果。测试的立体视频序列为 Soccer 2、Puppy、Soccer 和 Rabbit。测试视频的分辨率为 720×480 像素，帧率为 30fps。选取每个视频序列的 120 帧进行实验。所有灵活预测模式和自适应预测结构都给出了相应的实验结果。其中，灵活预测模式 4 为当前已经存在的基于时间采样的立体视频兼容格式。自适应预测结构的模式选择由时间相关性和视点间相关性决定，但时间相关性和视点间相关性的计算复杂度很大，为了降低计算复杂度，这里只考虑低频子带的相关性。图 3.13～图 3.16 所示的分别为 Soccer 2、Puppy、Soccer 和 Rabbit 的低频子带。由于低频子带有原始视频的大部分能量，因此能利用低频子带的相关性判断原始视频的相关性，并且可以减少计算量。

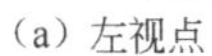

（a）左视点

（b）右视点

图 3.13 Soccer 2 的低频子带

（a）左视点

（b）右视点

图 3.14 Puppy 的低频子带

（a）左视点

（b）右视点

图 3.15 Soccer 的低频子带

（a）左视点

（b）右视点

图 3.16　Rabbit 的低频子带

图 3.17 所示的为基于灵活预测模式和自适应预测结构兼容标准的立体视频编码系统测试视频率失真的比较结果。从图 3.17 可以看出，3.4 节提出的自适应预测结构优于 3.3 节提出的四种灵活预测模式，其中包括当前存在的时间采样立体视频格式。

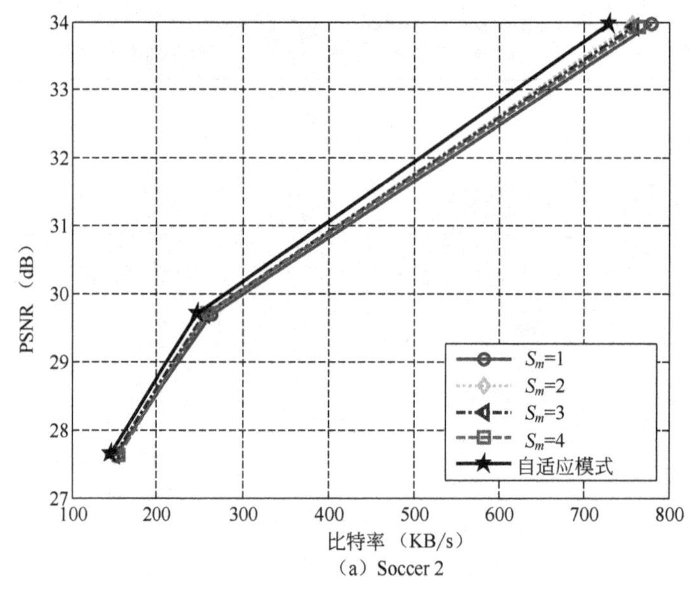

（a）Soccer 2

图 3.17　率失真的比较结果

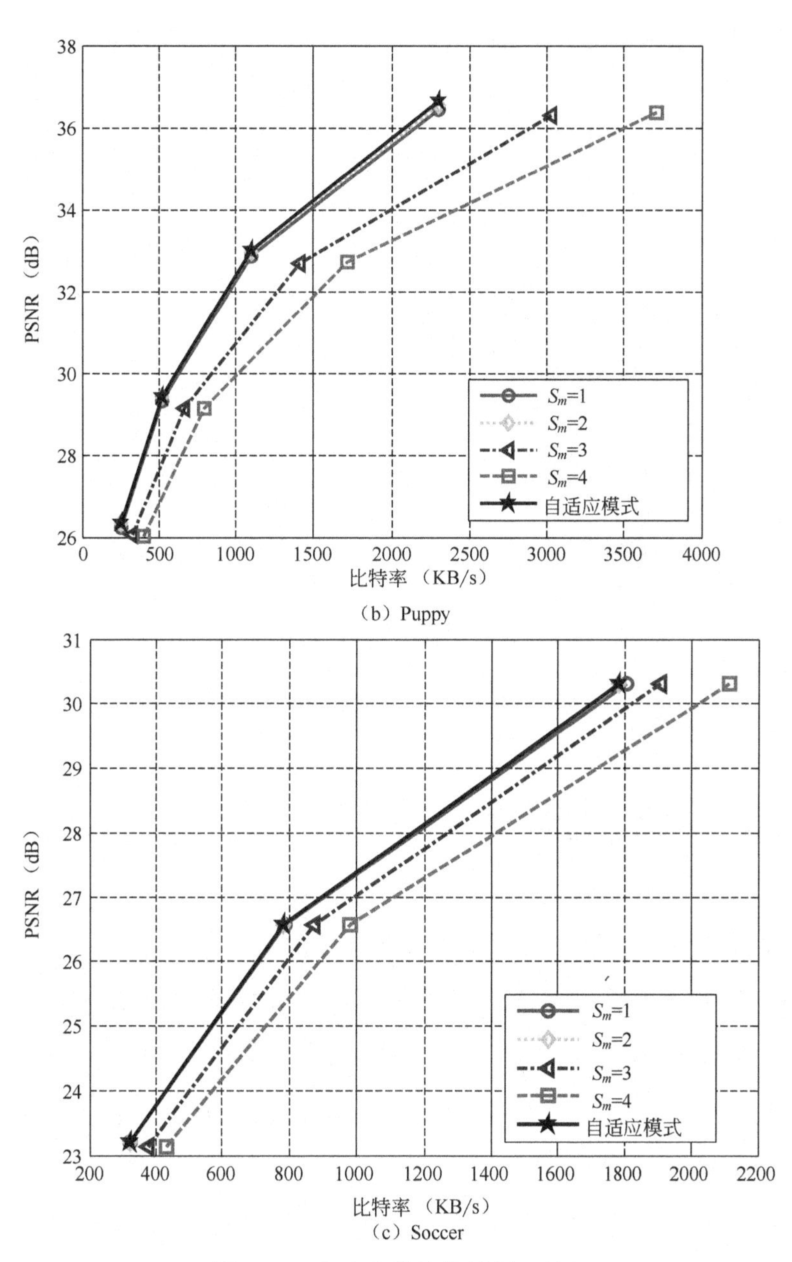

（b）Puppy

（c）Soccer

图 3.17　率失真的比较结果（续）

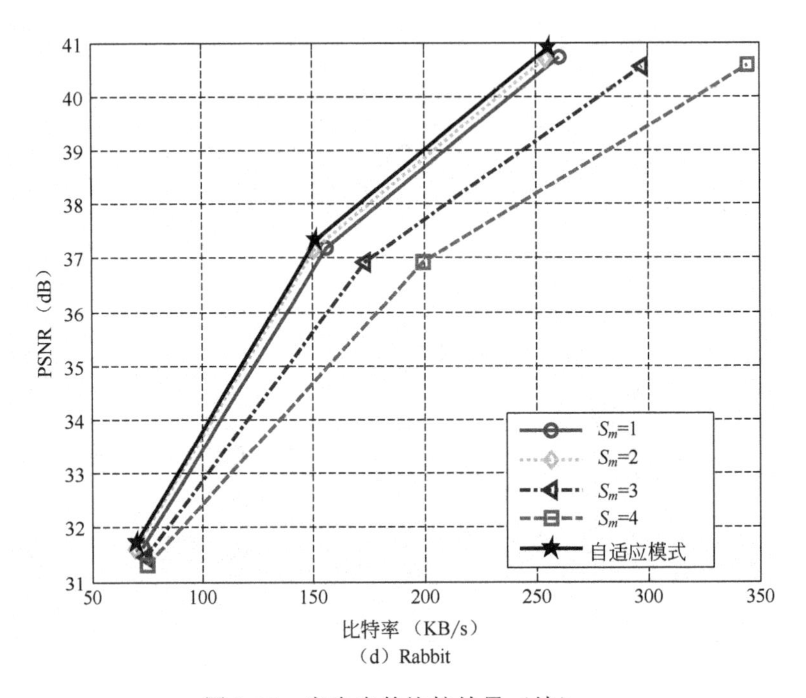

（d）Rabbit

图 3.17　率失真的比较结果（续）

3.6　本章小结

本章研究了基于灵活预测模式和自适应预测结构兼容标准的高效立体视频编码系统。灵活预测模式和自适应预测结构能够使当前存在的视频编码器直接压缩立体视频，并且有效去除时间相关性和视点间相关性。此外，本章研究的系统均基于当前最先进的视频压缩标准 H.264。

从实验结果可以得出，基于自适应预测结构兼容标准的立体视频编码系统优于基于灵活预测模式兼容标准的立体视频编码系统。

其中，灵活预测模式 4 为当前存在的基于时间采样的立体视频兼容格式。自适应预测结构模式判决的计算量很大，可利用低频子带的相关性代替原始视频的相关性，以达到降低计算量的目的。

总之，本章研究的兼容标准的高效立体视频系统，能够使现有的编码器方便、实时、有效地处理立体视频，并且实现较好的压缩效果。

4

鲁棒的多描述多视点视频编码

为了提高多视点视频编码对传输和重建误差的鲁棒性，本章进一步研究基于多描述编码的鲁棒多视点视频编码，并且基于内插补偿预处理进一步提高重建帧的质量。鉴于多视点帧内编码的重要性，本章提出了两种先进的多描述编码系统来提高多视点帧内编码效率，即基于随机偏移量化器的多描述编码（Multiple Description Coding with Randomly Offset Quantizers，MDROQ）和基于均一偏移量化器的多描述编码（Multiple Description Coding with Uniformly Offset Quantizers，MDUOQ）。

4.1 引言

为了有效地压缩多视点视频，应利用运动补偿预测（Motion Compensation Prediction，MCP）去除时间相关性，利用视差补偿预测（Disparity Compensation Prediction，DCP）去除视点间相关性。目前，应用最广泛的立体视频是多视点视频，如立体电视和立体电影等。立体视频的编码方法都可以应用在多视点视频编码中。当前，立体视频编码技术已经取得了很大进步。文献[73，76]提出了联合预测方法，即都使用了 MCP 和 DCP。文献[78]提出了基于 H.264 的多视点视频编码器（MMRG）。MMRG 也使用了联合预测技术。上述这些编码码流一旦遇到网络丢包或比特传输错误，解码质量就会严重下降。鲁棒的多描述编码（Multiple Description Coding，MDC）可以有效解决这个问题。本章研究了多描述编码的立体视频编码；同时，鉴于帧内编码的重要性，也研究了多描述立体帧内编码。

多描述编码通过传输信源的 $M(M \geqslant 2)$ 个描述，减轻在传输过程中由数据包丢失产生的影响。解码端接收的描述越多，重建的信源质量越好[79]。

文献[80]提出了在高码率近似最优的多描述标量量化器（Multiple Description Scalar Quantizer，MDSQ）。然而，MDSQ 需要复杂的索引分配。文献[81]设计了一个两阶段改进的 MDSQ（MMDSQ），MMDSQ 也是接近最优的，并且利用两个错列叉排的均一标量量化器分别产生每个描述的第一层。当两个描述都收到时，用另一个均一标量量化器进一步划分两个叉排量化器的联合区间。第二层量化器的输出也被分成了两个描述。

文献[82]通过组合的最优化方法把 MDSQ 扩展到 M（$M > 2$）个信道中。MDSQ 的另一个扩展是文献[83]提出的多个阶段，并且每个阶段进一步细化先前的阶段。当 M 增加时，这两种方法[82,83]变得相当复杂。

文献[84]提出一种基于格型矢量量化器的 MDC（MDLVQ），其中 M 个描述是通过独一无二地分配中间格每个点到子格中的 M 个点得到的，这种方法也有索引分配的问题，增加了设计和执行的复杂度。

分解信源是产生多描述的另一种方法。这种方法最早是由文献[85]提出的。信源被分成了偶数样本和奇数样本，并且用差分脉冲编码调制（Differential Pulse Code Modulation，DPCM）编码每个子集。如果一个描述丢失，丢失的数据可由其他描述中的相邻数据预测恢复。由于存在预测误差，这种方法也有一定的局限性[79]。

文献[86]使用变换编码，将变换系数分成两个部分。每个部分被量化成每个描述的基本层。每个描述也包含另一个描述的粗量化信息。当其他描述丢失时，就使用粗量化信息。文献[86]也研究了这两种描述的最优比特分配。

文献[87]将文献[86]的方法推广到两个描述的 JPEG 2000 编码块中，每个 JPEG 2000 编码块用两个码率编码。码率的分配由拉格朗日优化决定，这种方法在文献[87]中称为 RD-MDC。

在文献[88]中，RD-MDC 扩展到 $M(M>2)$ 个信道，每个 JPEG 2000 编码块仍然用两个码率编码。高码率编码的码块分成 M 个子集，并且分配到 M 个描述中。每个描述也包括其他码块低码率的编码信息。文献[89]提出了具有 $M-1$ 个自由度的多码率方法。这种方法一般化了文献[88]提出的两种码率方法，而且信源的每个子集用 M 种不同的码率编码。

成对相关变换（Pairwise Correlating Transform，PCT）在划分数据之前利用了一些可控的冗余，并且冗余被 2×2 相关的变换控制[90]。如果一个系数丢失，可以用其他描述中的相应部分来估计。线性预测的预测冗余导致 PCT 在高码率时的效果并不理想[85]。文献[91]提出了一个一般化的 PCT（Generalized PCT，GPCT）编码每个描述的预测冗余，但没有给出相应的图像编码结果。

文献[92]将 PCT 一般化到利用多个系数间的相关性。另外，文献[93]提出量化帧扩展理论，以此实现密集采样的 MDC 系统。

纠删码通过利用可伸缩信源码不同层的不平等丢失保护（Unequal Loss Protections，ULP）实现多描述[94]。这种方法对于收到事先确定的 n 个描述来说，有较好的实验效果。

文献[95]提出基于预测补偿的 MDC（PDMDC）系统，并且将其应用在两个描述的编码中。在这个系统中，信源被分成两个子集，并且每个子集都作为一个描述的基本层编码。同时，每个描述也编码了另一个子集的预测冗余。MDLTPC 是基于重叠变换的图像编码，比 MMDSQ、RD-MDC、PCT 和 GPCT 有更好的性能。

文献[96]提出了另一种利用两个码率的预测编码和错列叉排量化器的 M 信道多描述编码（Two-Rate Predictive Coding and Staggered Quantization，TRPCSQ）。在这个方法中，每个描述包含所有系数，其中一个子集的系数用高码率量化压缩，其他 $M-1$ 个子集的系数用低码率量化压缩，这 $M-1$ 个低码率量化器设计成具有以下两个条件的均一交叉性联合量化器：

（1）用来压缩不同描述预测冗余的 $M-1$ 个低码率量化器是均一偏移的。

（2）不同描述的预测值，由具有相同量化步长的均一量化器量化。

实验结果表明，TRPCSQ 比 MDLVQ 和 RD-MDC 更有效。预测值的量化降低了预测的准确性，并且交叉的量化器变得相对于 0 是不对称的，这就损失了一些编码效率，尤其在低码率端。

文献[97]提出了一个三层的 MDC（Three-Layer MDC，TLMDC），TLMDC 通过序列预测将 MDLTPC 一般化到 M（$M>2$）个描述中。当得到一个子集的多个低码率信息时，以这些低码率重建值的平均值为该子集的最终重建；当只丢失一个描述时，用一个第三层的信息精细低码率的子集；当信道丢失概率低时，丢失一个描述是最常见的情况，因此，TLMDC 比 TRPCSQ 有更好的实验效果。

如上所述，多描述编码方法均可应用在多视点帧内编码中。首先，针对多描述多视点帧内编码，本章提出对 MDLTPC、TRPCSQ 和 TLMDC[95~97]改进的两个框架——MDROQ 和 MDUOQ。与 TLMDC[97]一样，两种新方法均使用了两种码率的预测编码和序列预测。在第一种方法中，不同描述的预测引起随机偏移代替简单地平均不同描述低码率重建值，利用一种改进的重建，这种改进的重建是基于找到所有收到描述的重叠量化区间得到的。不同于文献[95～97]，高比特编码子集的重建也被收到的低码率值进一步优化。虽然提出的第二种方法与第一种方法相似，但第二种方法与 TRPCSQ 一样，不同低码率的量化器之间是均一化偏移的，这种方法也需要量化预测值。第二种方法也是不同于 TRPCSQ 的，第二种方法的均一化偏移是通过不同的量化死区间隔实现的，避免了 TRPCSQ 量化器不对称的问题。这两种方法分别称为基于随机偏移量化器的多描述编码（MDROQ）和基于均一偏移量化器的多描述编码（MDUOQ）。

尽管叉排错列的量化器和不同死区间隔的量化器已经在多个 MD 系统中使用，但还没有系统地研究和比较它们的理论和图像编码结果，尤其是对于 $M>2$ 的情况。例如，在文献[98]中，叉排错列的量化器用来改进两个描述 RD-MDC 中间路的解码，但只得到了低码率量化器步长是高码率量化器步长整数倍这一特殊情况的理论分析。文献[99]提出一种基于优化变换的方法以得到更好的 MDC 解码，其中利用了所有接收到的量化间隔。在文献[100]中，不平等量化和不平等死区间隔都用到了 MD 视频编码中，但没有给出理论分析。基于文献[101]提出的随机量化理论，本书研究了 MDROQ 和 MDUOQ 对于任何 M 的理论表达式。这两种方法均可应用在基于重叠变化的多描述多视点帧内编码中。得到的近似表达式能够优化重叠变换的前向滤波器（后向滤波器）。同时，本书也提出了一种迭代优化运算来优化前向滤波器（后向滤波器）。理论分析和实验结果表明，提出的这两种方法比文献[95～97]有更好的实验效果。

针对多视点帧间编码，文献[56]已经做了一些关于多描述立体视频编码的工作，但只是简单地应用多描述编码。在文献[56]中，如果一个描述丢失或发生错误，另一个描述也能重建整个立体视频序列，但不能保证重建质量。本章提出了一种基于内差补偿预处理的多描述立体视频编码方法。内差补偿预处理是在编码之前实现的，它首先找出重建质量不好的块，然后选择该块最好的预测模式来提高该重建块的质量。

本章余下内容组织如下：4.2 节介绍了基于随机偏移量化器的多描述多视点帧内编码，包括 MDROQ 系统描述及其期望失真的一般表达式；4.3 节介绍了基于均一偏移量化器的多描述多视点帧内编码，包括低码率联合重建方法的比较和 MDUOQ 系统描述；4.4 节分析了多描述多视点帧内编码的优化，给出了所提系统的框架结构、DCT 域的维纳滤波和所提方法期望失真的建模等；4.5 节介绍了鲁棒的多描述立体视频编码，并且详细介绍了内差补偿预处理算法等；4.6 节给出了本章所提多描述多视点帧内编码的理论分析；4.7 节给出了本章所提多描述多视点帧内编码、多描述多视点帧间编码和经典编码方法实验结果的比较；4.8 节对本章的工作进行总结。

4.2 基于随机偏移量化器的多描述多视点帧内编码

本节介绍基于预测引起的随机偏移量化器的多描述编码（MDROQ）。它可直接应用在多视点帧内编码中，并且得到这个系统期望失真的表达式。

4.2.1 MDROQ 系统描述

在本章提出的 MDROQ 系统中，为了得到 M 个描述，输入的信源被分成 M 个子集。这些子集能够根据应用，按不同形式来划分。例如，以块为单位划分或以采样的形式划分。我们能够以块为单位划分信源，然后对任意块应用 DCT 和量化，这对图像编码是有效的。我们也能够以采样的形式划分信源，并且在每个子集中应用 DPCM。可以用这个方法研究块编码的近似表达式，随着块尺寸的增加，块编码的效果越来越接近 DPCM[102]。本节得到的一般表达式，既能应用在基于采样的 DPCM 中，也能应用在基于块的变换编码中。4.2.2 节将给出这种情况的详细表达式。

在编码端，每个描述用一个具有较小量化步长 q_0 的量化器量化信源的一个子集，其他子集用同一描述中已经编码的子集序列预测，并且用一个具有较大量化步长 q_1 的量化器编码预测冗余。这与 TLMDC[97] 的序列预测是一样的，但比 TRPCSQ[96]简单。

本节提出的系统与以前的系统[95~97]不同之处是，在解码端利用所有收到的量化间隔重叠区域联合重建每个信号。

图 4.1 预测引起随机量化器的三个描述反量化实例。假设 x 在描述 0 中的量化步长是 q_0。$\overline{x}_i$ 表示 x 在第 i 个描述中的预测值，这个预测值是由本描述中已经编码的部分预测得到的；e_i 是 x 的预测冗余。图 4.1 给出了两个预测值。其中，预测可能是线性预测，也可能是非线性预测。为了方便分析和优化，本章采用线性预测。

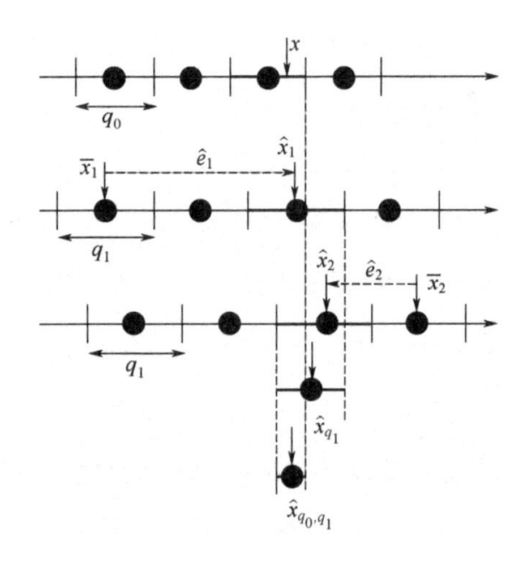

图 4.1　预测引起随机量化器的三个描述反量化实例

在第 i 个描述中，e_i 的量化步长是 q_1，并且 $\hat{e}_i$ 用来标示重建冗余，x 在第 i 个描述的重建值为

$$\hat{x}_i = \overline{x}_i + \hat{e}_i \tag{4-1}$$

可见，e_i 的量化引起了 x 的量化分离，但重建的偏移是由 $\overline{x}_i$ 引起的（见图 4.1）。

当收到 x 的多个预测编码时，x 在这些描述中的量化间隔有随机偏移。这些偏移是由不同描述中的不同预测值 $\overline{x}_i$ 引起的，因为在不同描述中有不同的参考块。如果能够找到这些量化间隔的重叠部分，就可以通过重叠间隔找到最优重建。当使用均一量化器时，最优重建值就是重叠间隔的中间点；当使用具有死区间隔的量化器时，最优重建值是重叠间隔的质点。

在图 4.1 中，$\hat{x}_{q_1}$ 是低码率的精细重建值。因为量化重叠间隔比 q_1 小，所以精细重建值有更小的均方误差。

同理，如果 x 的高码率和低码率描述都收到时，也可以通过找到所有量化间隔的重叠部分进一步优化高码率重建，如图 4.1 所示的 $\hat{x}_{q_0,q_1}$。不同量化器的随机偏移是由低码率预测值引起的。当 q_1 越来越接近 q_0 时，这种方法的增益越来越大。低码率的精细只能适用于 $M \geqslant 3$ 的多描述编码中，高码率的精细适用于 $M \geqslant 2$ 的多描述编码中。因此，两个描述的多视点帧内编码只使用了高码率的精细。

4.2.2　MDROQ 期望失真的一般表达式

本节将给出 MDROQ 的近似期望失真表达式。

MDC 的一般期望失真表达式为

$$D = \sum_{k=0}^{M} p_k D_k \tag{4-2}$$

式中，p_k 为收到 k 个描述的概率，$p_k = \binom{M}{k} p^{M-k}(1-p)^k$；$D_k$ 为收到 k 个描述的期望失真，当 $k=0$ 时，D_k 为输入信号的方差。

假设 R_0 和 R_1（比特/样本）分别为压缩子集的高码率和低码率，总

码率为 R（比特/样本/描述），则有：

$$R=\frac{1}{M}\left[R_0+(M-1)R_1\right]$$

在 MDROQ 系统中，当收到 k 个描述时，M 个子集中的 k 个子集能够用高码率编码和低码率编码的信息重建，剩下的子集能够用低码率编码的信息联合重建。假定不同块的量化误差是不相关的，并且它们的重建误差是可以累加的。因此，D_k 可以写成：

$$D_k=\frac{1}{M}\left[kD_{0,\ k}+(M-k)D_{1,\ k}\right] \tag{4-3}$$

式中，$D_{0,\ k}$ 为由一个高码率信息和 $k-1$ 个低码率信息重建的失真；$D_{1,\ k}$ 为由 k 个低码率信息重建的失真。

（1）首先确定 $D_{1,\ k}$ 的表达式（见图 4.1）。由于一个信号所在的 k 个低码率的重叠间隔是随机的，因此获取 $D_{1,\ k}$ 的表达式是具有挑战的。先找到 k 个量化区间最左边的区间，然后把其他 $k-1$ 个区间左边低的边界映射到最左边的区间里。这样最左边的区间里面就有 $k-1$ 个边界，这个区间被分成了 k 个间隔。当前信号在最右边的间隔里，这个最右边的间隔就是所有 k 个量化区间的重叠区间，重建误差为

$$D_{1,\ k}=E\left[U^2\right]/12$$

式中，U 为最右边间隔的长度。

由此得到的 $E[U^2]$和 Goyal 研究的随机量化问题[101]是相似的，在文献[101]中，一个在$[0,\ q_1)$均匀分布的信号被一个具有 $k-1$ 个随机边界的 k 阶量化器量化，这 $k-1$ 个随机边界在$[0,\ q_1)$中。我们研究的问题不同点是，信号总是在最右边的间隔里，文献[101]中的信号可能在

任何间隔里。正如文献[101]指出的，当边界是均一化且独立地在$[0,\ q_1)$间隔时，所有间隔都具有同样的分布。因此，利用顺序统计理论，可以得到期望失真为

$$D_{1,\ k}=E\left[U^2\right]/12=\frac{q_1^2}{2(k+1)(k+2)}=\frac{q_1^2}{12}S_{1,\ k} \tag{4-4}$$

$$S_{1,\ k}=\frac{6}{(k+1)(k+2)} \tag{4-5}$$

显而易见，使用的量化器越多，失真越小。这种联合的解量化可看成具有减小量化步长的量化器：

$$q'_{1,\ k}=q_1\sqrt{S_{1,\ k}} \tag{4-6}$$

一个k阶均匀标量量化器量化$[0,q_1]$间的信源，具有$\frac{q_1^2}{12k^2}$的期望失真。因此，随机量化器比均一量化器有较差的性能，相差的倍数为$\frac{6k^2}{(k+1)(k+2)}$，当k增加时，这个倍数能达到6[101]。

（2）用R_1表述$D_{1,\ k}$。R_1为低码率子集的平均码率。注意：尽管本书中的问题和文献[101]的问题具有相同的失真，但文献[101]中公式（2）的码率表达式在这种情况下是不适用的。因为它是随机边界单一量化器索引的编码码率，而本书系统的R_1为标量量化器的平均码率。

用$R_{1,\ i}$和$h_{1,\ i}$分别表示冗余子集的码率和熵，$i=1,\ 2,\ \cdots,\ M-1$。假设$R_{1,\ i}$高码率，并且用熵编码编码量化系数，$R_{1,\ i}$、$h_{1,\ i}$和q_1的关系为[103]

$$R_{1,\ i}=h_{1,\ i}-\log_2 q_1=\frac{1}{2}\log_2\left(2\pi e\sigma_{1,\ i}^2\right)-\log_2 q_1 \tag{4-7}$$

假定所有数据服从高斯分布，$\sigma_{1,i}^2$为第i个子集的冗余方差，R_1为所有$R_{1,i}$的平均值，则：

$$R_1 = \frac{1}{M-1}\sum_{i=1}^{M-1} R_{1,i} \tag{4-8}$$

q_1可表示为

$$q_1 = \sqrt{2\pi e}\left(\prod_{i=1}^{M-1}\sigma_{1,i}\right)^{\frac{1}{M-1}} 2^{-R_1} \triangleq \sqrt{2\pi e}\,\bar{\sigma}_1 2^{-R_1} \tag{4-9}$$

式中，$\bar{\sigma}_1$为所有$\sigma_{1,i}$的几何均值。

因此，式（4-4）变成：

$$D_{1,k} = \frac{2\pi e}{12} S_{1,k} \bar{\sigma}_1^2 2^{-2R_1} \tag{4-10}$$

（3）推导式（4-3）中的$D_{0,k}$。$D_{0,k}$是由一个高码率和$k-1$个低码率量化器引起的重建失真。当k=1时，失真直接就是高码率的失真。当$k>1$时，首先得到由$k-1$个低码率编码的重叠量化间隔。假设$q'_{1,k-1}$为最后的量化步长［见式（4-6)]，进一步利用低码率量化间隔和高码率量化间隔找到重叠间隔。这等同于联合解量化两个具有量化步长q_0和$q'_{1,k-1}$的随机的叉排量化器。文献[101]研究了随机量化器的期望失真：

$$D_{0,k} = \frac{1}{12} q_0^2 \frac{q'_{1,k-1} - \frac{3}{4}q_0}{q'_{1,k-1} - \frac{1}{2}q_0} \triangleq \frac{1}{12} q_0^2 S_{0,k} \tag{4-11}$$

定义$S_{0,1}$=1。这等同于高码率量化器的量化步长从q_0减小到$q'_{0,k}$。

$$q'_{0,k} = q_0\sqrt{S_{0,k}} \tag{4-12}$$

考虑码率R_0和R_1，则$S_{0,k}$和$D_{0,k}$可写为

$$S_{0,\ k}=\frac{\sqrt{S_{1,\ k-1}}\bar{\sigma}_1 2^{-R_1}-\frac{3}{4}\sigma_0 2^{-R_0}}{\sqrt{S_{1,\ k-1}}\bar{\sigma}_1 2^{-R_1}-\frac{1}{2}\sigma_0 2^{-R_0}} \tag{4-13}$$

$$D_{0,\ k}=\frac{2\pi e}{12}S_{0,\ k}\sigma_0^2 2^{-2R_0} \tag{4-14}$$

式中，σ_0^2为高码率编码信号的熵能量。

将$D_{0,\ k}$和$D_{1,\ k}$代入式（4-3）和式（4-2）中，期望失真的一般表达式变为

$$\begin{aligned}D&=\frac{2\pi e}{12}\left(\sum_{k=1}^{M}\frac{kp_k}{M}S_{0,\ k}\right)\sigma_0^2 2^{-2R_0}+\frac{2\pi e}{12}\left[\sum_{k=1}^{M}\frac{(M-k)p_k}{M}S_{1,\ k}\right]\bar{\sigma}_1^2 2^{-2R_1}+p_0D_0\\&\overset{\Delta}{=}\frac{2\pi e}{12}\bar{S}_0\sigma_0^2 2^{-2R_0}+\frac{2\pi e}{12}\bar{S}_1\bar{\sigma}_1^2 2^{-2R_1}+p_0D_0\end{aligned} \tag{4-15}$$

式中，D_0为输入信号的方差。

需要注意的是，因子$\bar{S}_0$依赖于R_0和R_1，这给系统的优化带来了困难，为了解决这个问题， 4.4 节提出了一个迭代优化的方法。

4.3 基于均一偏移量化器的多描述多视点帧内编码

由于均一偏移量化器在理论上优于随机偏移量化器，本节研究了另一种基于均一偏移量化器的 MDC 系统（MDUOQ），该方法也可直接用于多视点帧内编码。

4.3.1 低码率联合重建方法的比较

本节研究的系统是基于 TRPCSQ[96]的改进，相同之处为同一子集的低码率量化器在不同描述中是均一偏移的。文献[96]证明了 k（$k \geqslant 2$）个描述联合重建低码率的失真也可由式（4-4）表述，但因子 $S_{1,k}$ 依赖于 M。

$$S_{1,k} = \frac{1}{(M-1)^2 \binom{M-1}{k}} \sum_{l=1}^{M-k} \binom{M-2-l}{k-2} l^3 \tag{4-16}$$

图 4.2 所示为 MDROQ 和 TRPCSQ 低码率子集的失真减少因子 $S_{1,k}$。由图 4.2 可以观察到 TRPCSQ 均一偏移量化器的性能比

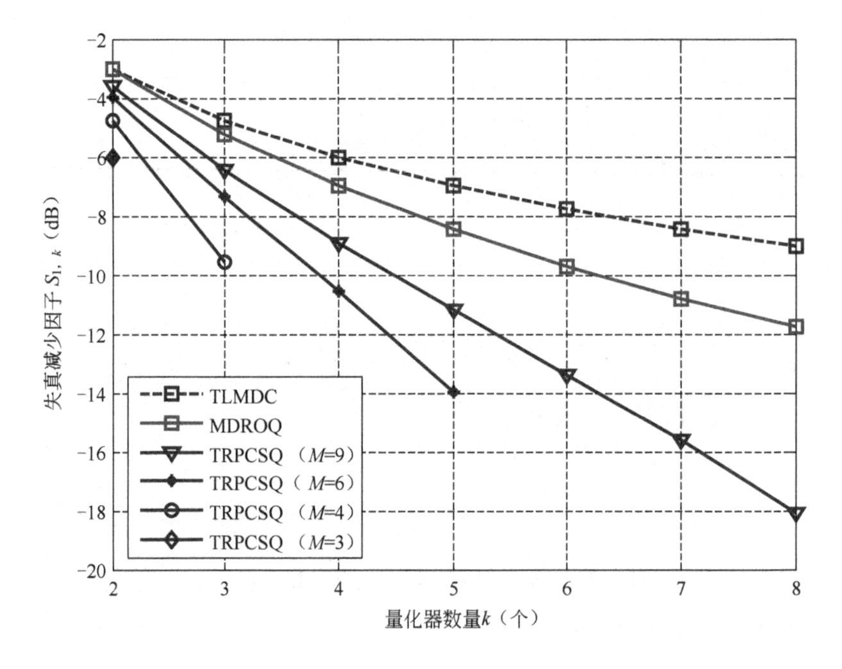

图 4.2 MDROQ 和 TRPCSQ 低码率子集的失真减少因子 $S_{1,k}$

MDROQ 随机量化器的性能好。当 k 不变时，这两种联合解量化方法的差距随 M 的增加变小；但是，当 M 不变时，这种差距随 k 的增大而增大。

为了更深刻地理解这个问题，考虑 $k=2$ 和 $k=M-1$ 这两个特殊的例子。当 $k=2$ 时，式（4-5）变成了 $1/2$，并且式（4-16）变成了 $\frac{M-2}{2(M-1)}$，当 M 很大时，$\frac{M-2}{2(M-1)}$ 近似为 $1/2$。因此，均一的叉排错列量化器和随机量化器具有相似的性能。这是由于当 M 较大时，相邻均一错列量化器的偏移非常小，因此，可以认为任何两个量化器的偏移都是随机的。

当 $k=M-1$ 时，TRPCSQ 的公式［见式（4-16）］中 $S_{1,k}$ 变成了 $1/k^2$。因此，k 个量化器的组合变成了均一量化器，量化步长是 q_1/k。在这种情况下，就像式（4-5）指出的，随机量化器与均一量化器相比有较差的性能，相差的倍数是 $\frac{6k^2}{(k+1)(k+2)}$，当 M 很大时，这个倍数近似为 6。

图 4.2 比较了 TLMDC[97]的缩放因子 $S_{1,k}$。TLMDC 是以收到的所有描述平均重建值为低码率的联合重建，很容易证明相应的 $S_{1,k}$ 表达式为

$$S_{1,k}=1/k,\ \forall M \tag{4-17}$$

如图 4.2 所示，除了 $k=2$，TLMDC 平均方法比 MDROQ 随机量化方法有较差的性能，k 越大差距越大。

上面的比较说明，在理论上均一偏移量化器优于随机偏移量化器。因此，研究怎样通过利用均一量化器提高 MDROQ 的性能是很有必要的。

4.3.2 MDUOQ 系统描述

在 TRPCSQ[96]中，不同低码率量化器的均一偏移是通过不同描述中偏移中心点 $q_1/(M-1)$ 的倍数实现的。此外，预测值 $\bar{x}_i$ 也是由量化步长为 q_1 的均一量化器量化的。因此，在重建时，根据重建的预测值和偏移量化器，量化的边界能保持一致，即不同量化器总能保持均一偏移。TRPCSQ 的问题是，均一量化器中心点的偏移引起了相对于 0 的不对称性，降低了编码效率，尤其是在低码率部分。

在本节中，利用通过调节量化器的死区间隔实现量化器的均一偏移替代中心点偏移的均一量化器，这种方法称为 MDUOQ。

在 MDUOQ 的第 i 个描述中，第 i 个子集仍然被量化步长为 q_0 的量化器编码。其他子集（$j \neq i$）首先用本描述中重建的子集序列预测，预测值被量化步长为 q_1 的均一量化器量化，这一步与 TRPCSQ 是一致的。然后，用重建的预测来获得预测冗余，并且冗余最终被死区间隔为 $2\left(\delta+\dfrac{l}{M-1}\right)q_1$ 的量化器量化。其中，$2\delta q_1$ 是最小的死区间隔，并且 $l=(j-i-1)\bmod M$。因此，对于所有的 M 个描述，每个子集被死区间隔为 $2\left(\delta+\dfrac{l}{M-1}\right)q_1$（$l=0, \cdots, M-2$）的 $M-1$ 个低码率量化器序列编码。在这些量化器中，均一间隔为$\frac{q_1}{M-1}$。

MDUOQ 与 TRPCSQ 的另一个不同之处是，因为预测编码和死区量化器的使用，MDUOQ 的低码率量化器不能始终保持均一偏移，即一些量化边界在增加重建的预测值之后将要改变。例如，如果一个死区为$2\delta q_1$的量化器被预测值kq_1（$k>0$）向右偏移，$\left[(1-\delta)q_1, (k-\delta)q_1\right]$之间的量化边界将与原始的量化器边界不同，但其他边界仍然与原始量化器边界一致。同理，如果预测值是负的（$k<0$），则只有$\left[(k+\delta)q_1, (-1+\delta)q_1\right]$中的$k$个边界被影响。

上面的问题可以通过不使用预测编码来避免，即系数直接用不同死区间隔的量化器量化，但这样会损失预测编码的编码效率。实验结果表明，使用预测编码具有较好的编码效率。

得到 MDUOQ 期望失真的近似表达式比 MDROQ 期望失真的近似表达式更有挑战性，因为缺少死区量化器的率失真公式，以及前面提到的由不同死区引起的一些边界是不均匀偏移的。然而，如果忽略死区间隔的影响，MDUOQ 低码率量化器的联合解量化性能可以由式（4-4）表示，并且式（4-5）的$S_{1,k}$可用 TRPCSQ 的公式［见式（4-16）］代替。因此，4.2.2 节中的公式都能用在 MDUOQ 中，即 MDROQ 和 MDUOQ 期望失真的不同之处是因子$S_{1,k}$，$S_{1,k}$代表在低码率编码中预测引起的随机偏移和不相等死区引起的均一偏移的影响。注意：当$M=2$时，只有一个低码率量化器，因此预测的量化是没有必要的，此时 MDUOQ 简化成 MDROQ。

4.4 多描述多视点帧内编码的优化

在本节中，我们把 MDROQ 和 MDUOQ 应用在基于重叠变换的多描述图像编码中，文献[95～97]已经证实这是一种先进的多描述框架。重叠变换是 DCT 的一种扩展，具有更好的编码效率和更小的块效应[104]。本章也使用了时间域的重叠变换（Time-Domain Lapped Transform，TDLT）[105]，在 DCT 之前利用了前向滤波器，在 DCT 之后利用了后向滤波器。TDLT 已经应用在标准 JPEG XR[106]中。JPEG XR 与 JPEG 2000 性能相当，而且具有更低的运算复杂度。

TDLT 的一个优点是能够根据不同的应用优化前向滤波器和后向滤波器。这一特点使它非常适合 MDC，这是因为它能够通过设计变换矩阵控制输出冗余。本节优化了 MDROQ 和 MDUOQ 系统的前向滤波器和后向滤波器。优化过程为：首先得到式（4-15）中 σ_0^2 和 $\bar{\sigma}_1^2$ 的表达式，然后利用提出的迭代运算优化 TDLT 中的前向滤波器。

4.4.1 系统框图及 DCT 域的维纳滤波

图 4.3 所示为基于 TDLT 的 MDROQ 图像编码系统中一个描述的编码和解码框架，其中，块尺寸为 L，每行表示半块，也就是 $L/2$ 个信号。图 4.3 所示为 M=2 时的编码和解码框架，并且图中没有包含多于一个描述的联合解量化。MDUOQ 的编码和解码框架与图 4.3 基本相似，不同之处是 MDUOQ 低码率子集使用预测量化器和不同死区间隔量化器。

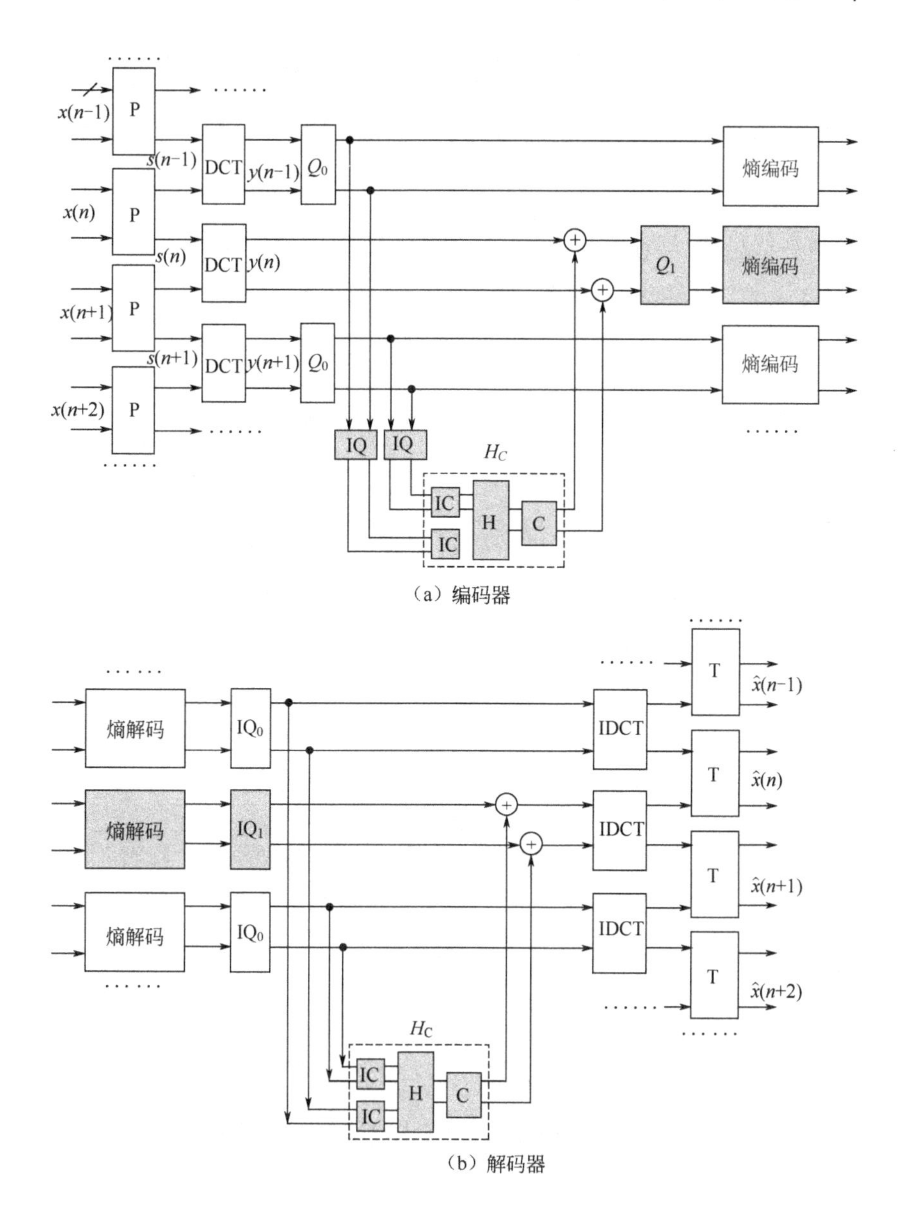

图 4.3 基于 TDLT 的 MDROQ 图像编码系统中

一个描述的编码和解码框架（M=2）

下面介绍 TDLT 的一些符号。两块的边界处首先利用一个 $L \times L$ 的前向预滤波器 P，然后每块利用 L 点的 DCT $\boldsymbol{C}$（注：$\boldsymbol{C}$ 为 DCT 的变换矩阵）。TDLT 的基本函数包含两块，并且相邻块的连接处重叠为一块。在解码端，DCT 反变换和后向滤波器 T 应用在块的边界。P 和 T 通过如下结构产生线性滤波器[105]：

$$\boldsymbol{P} = \boldsymbol{W}\mathrm{diag}\left\{\boldsymbol{I},\ \boldsymbol{V}\right\}\boldsymbol{W}$$

$$\boldsymbol{T} = \boldsymbol{P}^{-1} = \boldsymbol{W}\mathrm{diag}\left\{\boldsymbol{I},\ \boldsymbol{V}^{-1}\right\}\boldsymbol{W}$$

式中，$\mathrm{diag}\left\{\boldsymbol{A},\ \boldsymbol{B}\right\}$ 为对角矩阵，对角线上的值为 $\boldsymbol{A}$ 和 $\boldsymbol{B}$，其他值为 0；$\boldsymbol{I}$ 为 $\dfrac{L}{2}\times\dfrac{L}{2}$ 的单位矩阵；$\boldsymbol{V}$ 为 $\dfrac{L}{2}\times\dfrac{L}{2}$ 的可逆矩阵，可根据不同应用优化；$\boldsymbol{W}$ 为蝶形矩阵：

$$\boldsymbol{W}=\frac{1}{\sqrt{2}}\begin{bmatrix} \boldsymbol{I} & \boldsymbol{J} \\ \boldsymbol{J} & -\boldsymbol{I} \end{bmatrix} \tag{4-18}$$

式中，$\boldsymbol{J}$ 为 $\dfrac{L}{2}\times\dfrac{L}{2}$ 的反单位矩阵。

设 $\boldsymbol{P} = \left[\boldsymbol{P}_0^{\mathrm{T}} \quad \boldsymbol{P}_1^{\mathrm{T}}\right]^{\mathrm{T}}$，其中 $\boldsymbol{P}_0$ 和 $\boldsymbol{P}_1$ 分别为 $\boldsymbol{P}$ 的前面 $L/2$ 行和后面 $L/2$ 行。定义 $\boldsymbol{P}_{12} = \mathrm{diag}\left\{\boldsymbol{P}_1,\ \boldsymbol{P}_0\right\}$，则 $L \times 2L$ 前向变换为

$$\boldsymbol{F} = \boldsymbol{C}\boldsymbol{P}_{12} \tag{4-19}$$

式中，$\boldsymbol{C}$ 为 DCT 系数。

同理，可获得反变换。设 $\boldsymbol{T} = \left[\boldsymbol{T}_0 \quad \boldsymbol{T}_1\right]$，$\boldsymbol{T}_0$ 和 $\boldsymbol{T}_1$ 分别为 $\boldsymbol{T}$ 的前面 $L/2$ 列和后面 $L/2$ 列。定义 $\boldsymbol{T}_{21} = \mathrm{diag}\left\{\boldsymbol{T}_1,\ \boldsymbol{T}_0\right\}$，则 $2L \times L$ 的反变换为

$$\boldsymbol{G} = \boldsymbol{T}_{21}\boldsymbol{C}^{\mathrm{T}} \tag{4-20}$$

因为使用了基于块的变换，为得到 MDC 系统需要的子集，在应用

TDLT 之后，以块为单位划分。在每个描述中，输出的一个子集以高码率编码，其他子集由相邻两边最近的块序列预测。例如，在图 4.3 中，$y(n)$ 是低码率编码的块，由重建的 $y(n-1)$ 和 $y(n+1)$ 序列预测。当有更多描述时，就需要多个维纳滤波。例如，当 M=3 时，就需要两个滤波器。其中，一个滤波器用重建的 $y(n-1)$ 和 $y(n+2)$ 预测 $y(n)$，另一个滤波器用重建的 $y(n)$ 和 $y(n+2)$ 预测 $y(n+1)$。

在文献[95，97，107]中，预测和预测残差是在 DCT 之前的空间域获得的，并且需要归一化维纳滤波，也就是每行的和为 1。这说明，输入是连续的，输出也是连续的。在本章中，为了实现随机量化器的联合解量化，维纳滤波和冗余预测在 DCT 之后和量化之前实现（见图 4.3）。但是，仍然需要利用前面提到的归一连续性，这也是能够实现的。首先将 DCT 域的预测转到空间域，然后归一化，最后再转到 DCT 域。

空间域和 DCT 域维纳滤波的关系从图 4.3 也能得到。如果用空间域的维纳滤波 H，首先利用反 DCT 得到重建的 $\hat{y}(n-1)$ 和 $\hat{y}(n+1)$，然后应用归一化空间域的维纳滤波 H 进行预测，最后变换到 DCT 域。这些步骤的连接是 DCT 域的维纳滤波 H_C，它与空间域的维纳滤波器是相关的。

$$H_C = \boldsymbol{C}H\mathrm{diag}\{C',\ C'\} \qquad (4\text{-}21)$$

一旦找到最优化的维纳滤波 H_C，就能直接应用在 DCT 域中。这比反 DCT、H 预测、DCT 更易于实现。

这里描述的 DCT 域维纳滤波预测比文献[96]中的变换域预测更一般化。在文献[96]中，只有 DCT 系数被预测，其他系数的预测并没有好的性能，因为需要通过量化预测值得到均一间隔量化器。在当前的方法中，预测不仅能够提高编码效率，还能够实现随机偏移。

需要注意的是，当收到多个描述时，图 4.3 中的反量化之后应该有 MDROQ 和 MDUOQ 的联合重建，以便得到更精确的结果。

4.4.2 期望失真的建模

为了得到式（4-15）中 σ_0^2 的表达式，用 $\boldsymbol{y}(k)$ 表示高码率的 DCT 块，用 q_0 表示量化步长，用 $q_y(k)$ 表示 $\boldsymbol{y}(k)$ 的量化误差。在反 TDLT 之后，重建误差变成了 $\boldsymbol{G}q_y(k)$，其中式（4-20）中的 $\boldsymbol{G}$ 为反 TDLT。假定不同子带的量化噪声是不相关的，则每个信号的平均重建误差为

$$\frac{1}{L}\sum_{j=0}^{L-1}\left\|g_j\right\|^2 \sigma_{q_y(j)}^2 \tag{4-22}$$

式中，$\sigma_{q_y(j)}^2$ 为 $\boldsymbol{y}(k)$ 第 j 列的量化噪声方差；g_j 为 $\boldsymbol{G}$ 的第 j 列。

当用高码率压缩时，$\sigma_{q_y(j)}^2$ 可写成：

$$\sigma_{q_y(j)}^2 = \frac{2\pi\mathrm{e}}{12}\sigma_{y(j)}^2 2^{-2R_{0,\,j}} \tag{4-23}$$

式中，$R_{0,\,j}$ 为块的第 j 列分配的比特；$\sigma_{y(j)}^2$ 为 $\boldsymbol{y}(k)$ 第 j 列的方差，并且是自相关矩阵 $\boldsymbol{R}_{yy}$ 的第 j 列对角元素。

$\boldsymbol{R}_{yy}$ 能够从 TDLT 变换的输入中得到，即

$$\boldsymbol{R}_{yy} = \boldsymbol{F}R_{x_2x_2}\boldsymbol{F}^{\mathrm{T}} \tag{4-24}$$

式中，$\boldsymbol{F}$ 为式（4-19）的前向重叠变换；$R_{x_2x_2}$ 为两个输入块的自相关函数。

在本章中，假设输入为一阶高斯—马尔可夫信源，方差为 1，相关系数 $\rho = 0.95$，所以 R_{x2x2} 的第（i，j）个输入为 $\rho^{|i-j|}$。

基于 $\frac{1}{L}\sum_{j=0}^{L-1} R_{0,\ j} = R_0$ 的码率限制，最小化式（4-22）的失真。

式（4-22）的最小值为[102]

$$\frac{2\pi e}{12}\left(\prod_{j=0}^{L-1}\left\|g_j\right\|^2 \sigma_{y(j)}^2\right)^{\frac{1}{L}} 2^{-2R_0} \triangleq \frac{2\pi e}{12}\sigma_0^2 2^{-2R_0} \tag{4-25}$$

将得到的 σ_0^2 应用在式（4-15）中，得到期望失真。

下面，计算式（4-9）中的 $\sigma_{1,\ i}^2$，$i=1, \cdots, M-1$。低码率 DCT 块的平均码率为 $R_{1,\ i}$，在反变换之后它的平均重建误差为

$$\frac{1}{L}\sum_{j=0}^{L-1}\left\|g_j\right\|^2 \sigma_{q_e(i,\ j)}^2 \tag{4-26}$$

式中，$\sigma_{q_e(i,\ j)}^2$ 是平均码率为 $R_{1,\ i}$ 的第 j 次输入的量化噪声方差，即

$$\sigma_{q_e(i,\ j)}^2 = \frac{2\pi e}{12}\sigma_{e_i(j)}^2 2^{-2R_{1,\ i,\ j}} \tag{4-27}$$

式中，$\sigma_{e_i(j)}^2$ 是平均码率为 $R_{1,\ i}$ 的块第 j 个冗余方差；$R_{1,\ i,\ j}$ 是块的第 j 个系数分配比特。

以 $\frac{1}{L}\sum_{j=0}^{L-1} R_{1,\ i,\ j} = R_{1,\ i}$ 为条件，最小化式（4-26），则最小的失真为

$$\frac{2\pi e}{12}\left(\prod_{j=0}^{L-1}\left\|g_j\right\|^2 \sigma_{e_i(j)}^2\right)^{\frac{1}{L}} 2^{-2R_{1,\ i}} \triangleq \frac{2\pi e}{12}\sigma_{1,\ i}^2 2^{-2R_{1,\ i}} \tag{4-28}$$

把上述公式应用在式（4-15）中，就得到 TDLT 框架的期望失真表达式。

4.4.3 迭代优化算法

本节的目标是在比特限制 $R_0+(M-1)R_1=MR$ 的条件下，优化 TDLT 的预测滤波器最小化平均失真 D。在本书提出的系统中，需要得到最优比特分配和相应的最小失真，然后通过最小失真得到前向滤波器（后向滤波器）。

文献[95～97]中的简单优化问题，是利用拉格朗日乘法找到近似解决方案的。但是，在本节中利用这种方法是非常困难的，因为式（4-15）中的 $S_{0,k}$ 依赖于 R_0 和 R_1。

解决这个问题的一个直接方法是定义拉格朗日函数 $\mathcal{L}=D+\lambda\left[R_0+(M-1)R_1-MR\right]$，并且用数值优化方法优化 $\mathcal{L}$，但这种方法对 λ 非常敏感。

本节提出一个有效的迭代方法解决这个问题。首先，设 $S_{0,k}=1$，也就是忽略高码率量化器的精细。在这个假设中，$S_{0,k}$ 不再是 R_0 和 R_1 的函数，其失真［见式（4-15）］很容易用拉格朗日乘法最小化，并且最优比特分配为

$$R_0=\min\left(MR,\ R+\frac{M-1}{2M}\log_2\frac{(M-1)\bar{S}_0\sigma_0^2}{\bar{S}_1\sigma_1^2}\right) \tag{4-29a}$$

$$R_1=\max\left(0,\ R-\frac{1}{2M}\log_2\frac{(M-1)\bar{S}_0\sigma_0^2}{\bar{S}_1\sigma_1^2}\right) \tag{4-29b}$$

利用 R_0 和 R_1 计算式（4-13）中的 $S_{0,\ k}$，然后更新式（4-29）的比特分配。每迭代一次，就更新一次比特分配，同时重新计算式（4-15）的失真，当失真的差异小于某个值时，迭代终止。

这个迭代方法不需要选择 λ，码率分配严格满足式（4-29）；另外，当在基于重叠变换的设置中应用时，最优的前向滤波器和后向滤波器对码率 R 和错误概率 p 也是不敏感的。当块的尺寸为 8 时，上述迭代能够在 5 次内完成，并且期望失真的差异小于 10^{-6}。

4.4.4 均一偏移量化器死区间隔的优化

4.3 节提出了基于均一偏移量化器的多描述编码。均一偏移量化器是由不相等的死区间隔引起的，最小死区间隔为 $2\delta q_1$。δ 决定了最小死区间隔的长度，进而决定了其他死区间隔的长度。本节将给出一种得到最优 δ^* 的方法。如果忽略死区间隔的影响，可以通过式（4-15）得到最终的期望失真。从式（4-15）可以看出，最终的期望失真是由 p、q_0 和 q_1 决定的。注：p、q_0 和 q_1 分别决定了式（4-15）中的 p_k、R_0 和 R_1。如果考虑死区的影响，死区间隔也可能影响期望失真，即期望失真是由 δ、p、q_0 和 q_1 决定的。最优 δ^* 的表达式可以写成：

$$\delta^* = \arg\min_{\delta} D(\delta,\ q_0,\ q_1,\ p) \tag{4-30}$$

图 4.4 所示为获得最优 δ^* 的框架。对于任意一个输入信号，首先初始化 p 和 q_0，并且令 $\delta = 0$，通过调解 q_1 可以得到固定的码率 R^*，而且可以得到相应的期望失真；然后，增加 δ（步长为 0.05），通过这种方式，能够得到所有的期望失真，直到 $\delta = \delta_{\max}$。在本章中，$\delta_{\max} = 1$，

相应的最大死区间隔为 $2q_1$；最后，通过找到最小期望失真，得到最优的 δ^*。

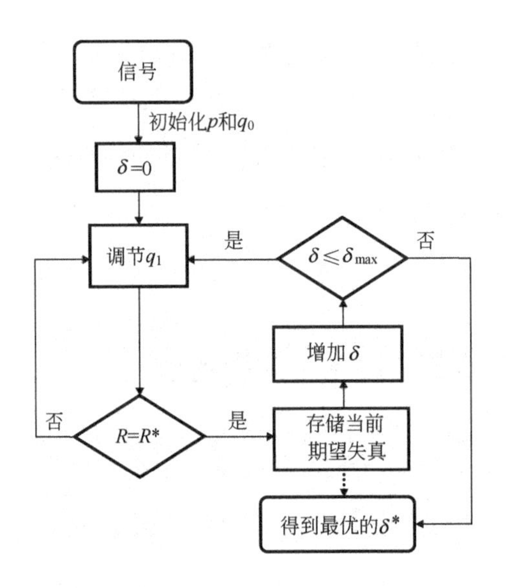

图 4.4 获得最优 δ^* 的框架

从上面描述可以看出，寻找最优 δ^* 的方法是非常复杂的，在实际应用中并不适用，而且编码增益不大，因此本章后面不再给出最优 δ^* 对应的 MDUOQ 的实验结果。

4.5 鲁棒的多描述立体视频编码

4.5.1 多描述立体视频编码的系统设计

传统的立体视频编码[73,76,78]利用联合预测技术（如用 MCP 和

DCP 实现高编码效率），其压缩的比特流对传输误差和重建误差是非常脆弱的。一旦有传输误差或重建误差，就有累加误差，无法重建丢失的视频，因此，提高立体视频编码的鲁棒性是非常必要的。

多描述编码具有对传输误差和重建误差的鲁棒性，因此本节提出了鲁棒的多描述立体视频编码。图 4.5 所示为本节提出的多描述立体视频编码系统框架，其编码过程如下。

（1）立体视频首先分成两个描述：左视频的奇数帧和右视频的奇数帧属于描述 1，左视频的偶数帧和右视频的偶数帧属于描述 2。

（2）每个描述的视频都经过内插补偿预处理，并且通过 MMRG 编码。通过内插补偿预处理之后，能够得到标志信息 S_p、 S_m 和 V。这些信息再经熵编码器进行编码传输。内插补偿预处理算法将在 4.5.2 节详细介绍。

（3）由 MMRG 编码比特流和由熵编码器编码标志信息比特流的两个描述传输到解码端。

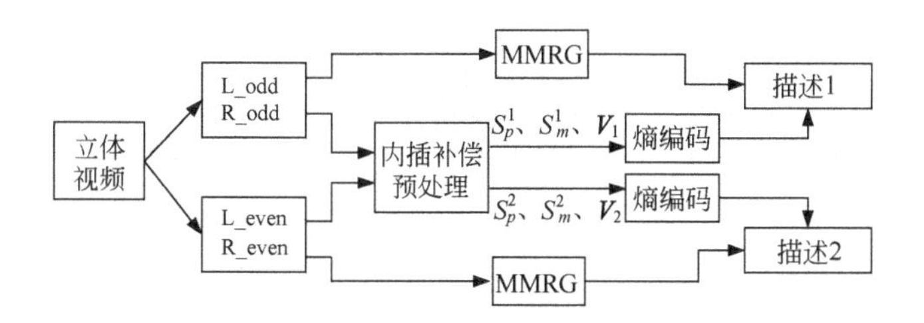

图 4.5　本节提出的多描述立体视频编码系统框架

从图 4.5 可以看出，用 MMRG 压缩各个描述的立体视频序列。

MMRG 有五种参考模式[78]，本章使用模式 2。图 4.6 所示为 MMRG 的模式 2。MMRG 编码器是基于当前最先进的视频编码标准 H.264 实现的，并且利用了每个序列上的时间相关性和序列间的相关性。

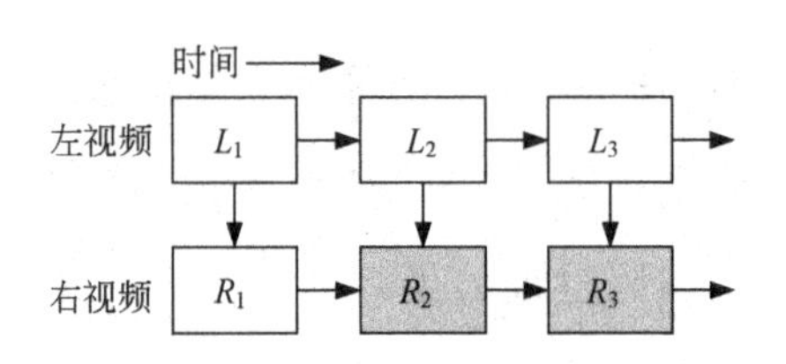

图 4.6　MMRG 的模式 2[78]

当帧 L_{2i+1} 传输发生错误时，传统的立体视频编码和本章提出的多描述立体视频编码的重建情况如下。

图 4.7 所示为当帧 L_{2i+1} 发生错误时，传统的立体视频编码情况。从图 4.7 可以看出，在传统的立体视频编码框架中，如果帧 L_{2i+1} 发生错误，帧 R_{2i+1}、帧 L_{2i+2} 和帧 R_{2i+2} 都不能重建。图 4.8 所示为当帧 L_{2i+1} 发生错误时，本章提出的多描述立体视频编码情况。在本章提出的多描述立体视频编码框架中，有两个描述，即使帧 L_{2i+1} 有传输错误，帧 L_{2i+1} 也可以由另一描述中的 L_{2i} 和 L_{2i+2} 内插重建。

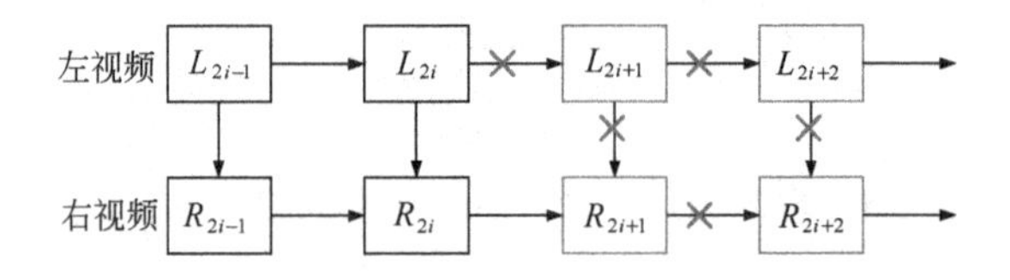

图 4.7　当帧 L_{2i+1} 发生传输错误时，传统的立体视频编码情况

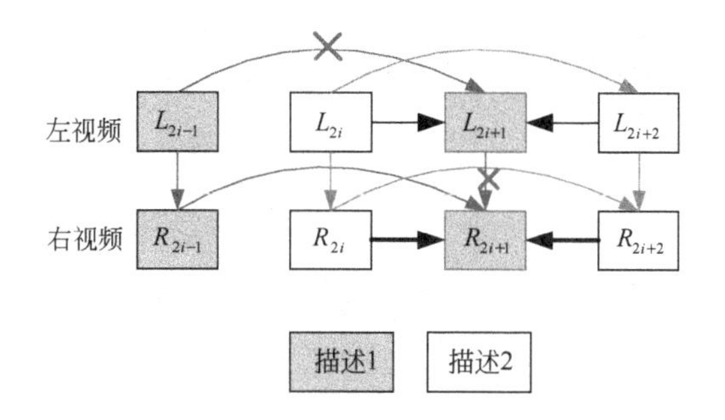

图 4.8　当帧 L_{2i+1} 发生传输错误时，本章提出多描述的立体视频编码情况

由上面这个例子可以看出，本章提出的多描述立体视频编码是有鲁棒性的。如果其中一个描述的某一帧有错误，该帧可以由其他描述重建。本章通过内插补偿预处理改进了重建帧的质量。内插补偿预处理将在 4.5.2 节详细介绍。当然，如果两个描述都能在解码端收到，就能得到一个质量更高的重建立体视频。

4.5.2　内插补偿预处理算法

在 4.5.1 节提出的多描述立体视频编码中，如果一个描述丢失或发生错误，该描述仍然可以由另一个描述重建。为了保证重建的质量，本书研究了内插补偿预处理的方法。在本章研究的鲁棒的立体视频编码中，立体视频的奇数帧为一个描述，偶数帧为另一个描述。如果偶数帧的描述发生错误，就由另一个描述相对应的前后两个奇数帧预测。其中，预测有三种方式：前向预测、后向预测和双向预测。本章提出的内插补偿预处理利用了这三种预测方式。

图 4.9 所示为收到奇数帧时内插补偿预处理的过程，这是在编码端实现的。

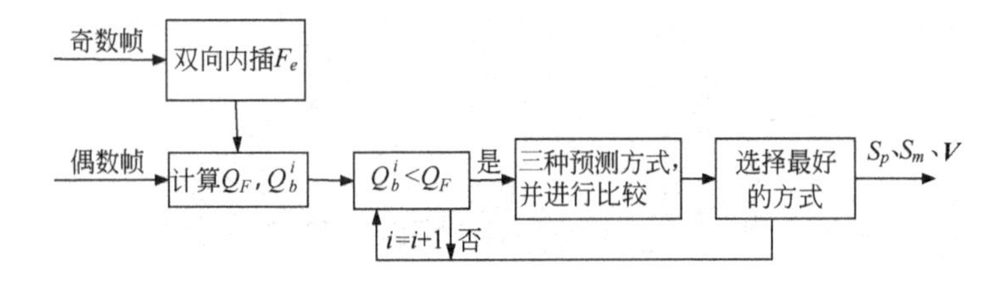

图 4.9　收到奇数帧时的内插补偿预处理过程

假设在解码端收到奇数帧描述，偶数帧描述丢失或发生错误，内插补偿预处理过程如下。

（1）假设解码端收到正确的奇数帧，通过双向预测的方式先预测整个偶数帧（F_e）。

（2）首先计算整个预测帧（F_e）和原始帧（F_o）的 PSNR（Q_F），然后计算预测帧中每块和原始帧中每块的 PSNR（Q_b^i），i 表示第 i 块。Q_F 和 Q_b^i 的计算公式为

$$Q_F = 10\lg\frac{255^2 h_{\text{row}} l_{\text{col}}}{\sum_{m=1}^{h_{\text{row}}}\sum_{n=1}^{l_{\text{col}}}\left[F_e(m,\ n)-F_o(m,\ n)\right]^2} \tag{4-31}$$

$$Q_b^i = 10\lg\frac{255^2 m_b^2}{\sum_{m=1}^{m_b}\sum_{n=1}^{m_b}\left[b_e^i(m,\ n)-b_o^i(m,\ n)\right]^2} \tag{4-32}$$

式中，b_e^i 为预测帧中的第 i 块；b_o^i 为原始帧中的第 i 块；m_b 表示块的尺寸，本章取 $m_b = 8$。

（3）比较 Q_b^i 和 Q_F，如果 $Q_b^i < Q_F$，表示当前块的重建质量比较差，需要提高。首先用前面提到的三种预测方式预测重建当前块，然后比较每种预测方式的重建质量，得到最好的预测方式 S_m、当前块

的位置 S_p 和相应的矢量 V。

（4）如果 $Q_b^i > Q_F$，表示当前块的质量比较好，继续比较下一个块。

这种内插补偿预处理的方法保证了每个块的重建质量。

4.6　理论分析

本章前面给出了多描述多视点帧内编码 MDROQ 和 MDUOQ 的失真表达式，但 MDUOQ 的失真表达式忽略了死区间隔的影响，即 MDUOQ 的失真表达式并不是很准确，因此，本节只给出了 MDROQ 的理论分析：①MDROQ 与 MDLTPC 的理论比较；②MDROQ 的 1D 数据理论界限和实验结果。

4.6.1　MDROQ 与 MDLTPC 的理论比较

本节首先比较 MDROQ 和 MDLTPC[95]两个描述的性能。MDROQ 的性能优于 MDLTPC 的性能，因为当两个描述都收到时，MDROQ 有高码率的精细。

文献[108～110]证明，在高码率的条件下，两个描述的边失真和中间路失真的乘积满足以下关系：

$$D_1D_2 \geqslant \frac{1}{4}\left(\frac{2\pi e}{12}\right)^2 P_x^2 2^{-4R} \tag{4-33}$$

式中，P_x 为信源的熵能量。

因此，D_1D_2 用来估计两个描述编码的性能。

本节使用方差为 1 的一阶高斯—马尔可夫信源，相关系数为

$\rho=0.95$，熵能量为$1-\rho^2$。本节用 DPCM 系统编码每个描述。首先，把信源分成两个子集。在每个描述中，一个子集由本子集已经重建的信号预测，并且其冗余编码的码率为 R_0；另一个子集由两个相邻的重建高码率信号预测，其冗余编码的码率为 R_1。在这种情况下，文献[95]证明了$\sigma_0^2=1-\rho^4$，$\sigma_1^2=\left(1-\rho^2\right)/\left(1+\rho^2\right)$。在最优比特分配的情况下，MDLTPC 的失真乘积总是式（4-33）的理论边界，影响因子为$2\left(1+p\right)$，p 为丢失概率。

在本章提出的 MDROQ 系统中，尽管不能得到比特分配的近似表达式，但能利用前面提出的迭代运算得到 D_1D_2。图 4.10 所示为 M=2 时 MDROQ 相对于 MDLTPC 的失真乘积 D_1D_2 增益（总码率为 5 比特/样本）。图 4.10 表明，当丢失概率 p 增大时，增益也增大；并且当丢失概率 p

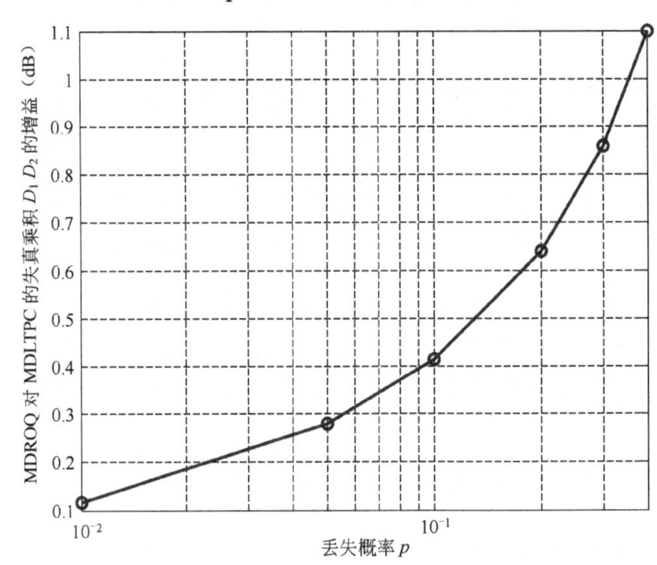

图 4.10　M=2 时 MDROQ 相对于 MDLTPC 的失真乘积 D_1D_2 增益

（总码率为 5 比特/样本）

较大时，增益能达到 1dB。这是因为当 p 增大时，有更多的冗余（q_1 越小），从而有更多的高码率精细。

4.6.2 MDROQ 的 1D 数据理论界限和实验结果

本节将给出 MDROQ 的 1D 数据的理论界限和实验结果。假设 1D 数据为高斯—马尔可夫信源，方差为 1，相关系数为 $\rho=0.9$。信源被分成几个子集，每个信号 $x(n)$ 的预测值为 $\rho\hat{x}(n-1)$，理论上 $\sigma_0^2=\bar{\sigma}_1^2=1-\rho^2$。预测冗余根据 MDROQ 的设置被均匀量化，量化步长为 q_0 或 q_1。图 4.11 所示为 M=2 和 M=3 的实验结果，图 4.12 所示为 M=4 的实验结果，量化结果的熵为模拟实验结果的码率，并且这些实验结果的码率为 R=5 比特/样本/描述。从这些实验结果可以看出，理论结果和模拟结果非常接近，但还是有一些差异的，因为随机量化理论假设这些偏移都是均匀分布的，然而实际中并不是严格均匀分布的，而且相同的信号在不同描述中的预测值也是有一定相关性的。

如果用 TRPCSQ 的公式［见式（4-16)］代替 MDROQ 的 $S_{1,k}$，就能得到 MDUOQ 的理论表达式，但忽略了死区间隔的影响。MDUOQ 的 1D 数据理论界限和模拟实验结果比较显示，模拟实验结果边路的质量比理论界限差 2dB（因为这两个结果相差比较大，这里就不再给出曲线图了）。MDUOQ 精确的理论表达式是未来的一个研究方向。

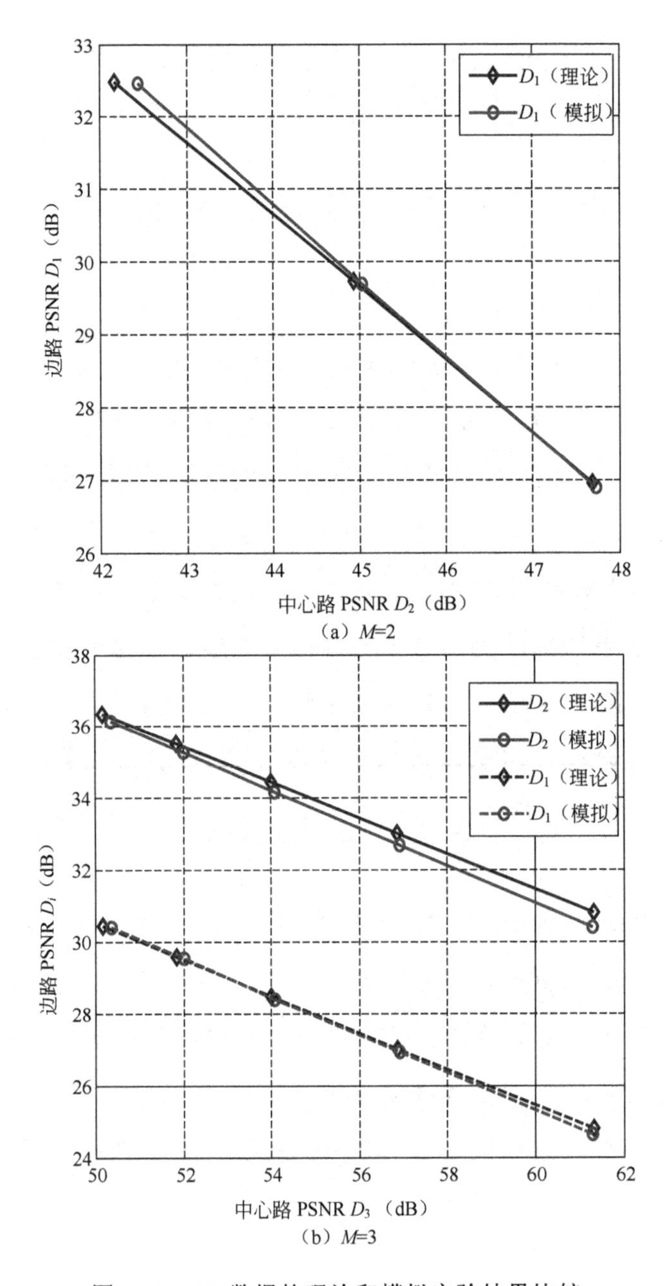

（a）M=2

（b）M=3

图 4.11 1D 数据的理论和模拟实验结果比较

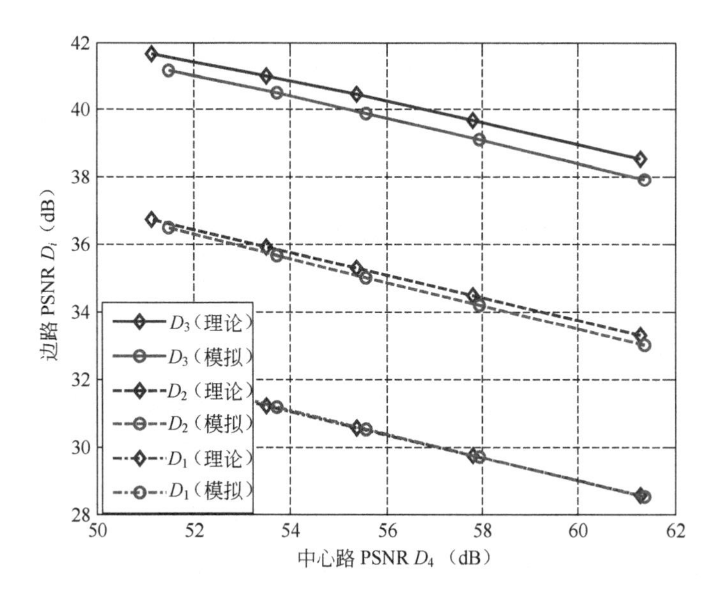

图 4.12　M=4 时，1D 数据的理论和模拟实验结果比较

4.7 实验结果

4.7.1 多描述多视点帧内编码的实验结果

本节比较了提出的多描述多视点帧内编码 MDROQ、MDUOQ 与以前的 MDLTPC、TRPCSQ 和 TLMDC，测试了立体视频的左右图像。文献[95～97]已经证明 MDLTPC、TRPCSQ 和 TLMDC 优于 PCT/GPCT、MMDSQ、RD-MDC 和 MDLVQ 等方法。

在提出的多描述多视点帧内编码框架中，数值优化结果显示在码率分配公式［见式（4-29）］的限制下，能得到一个稳定的 TDLT 前向滤波器，这个前向滤波器与 R 和 p 是独立的。因为实际的图像编码通常在低码率实现，所以实验结果表明通过设计 TDLT 能够获得稍微好一点的多描述多视点帧内编码。设计条件为：①总码率为1.0bpp；②丢失概率为 $p=0.10\sim0.15$。在 MDROQ 中，高码率和低码率均使用了死区间隔量化器，并且死区间隔分别为 $1.2q_0$ 和 $1.2q_1$。在 MDUOQ 中，最小死区间隔为 $2\delta q_1 = 2\times 0.6q_1 = 1.2q_1$。

TDLT 和维纳滤波能逐行逐列实现，因此，滤波器优化是在 1D 信号模型基础上实现的，并可将其应用在 2D 图像编码中。例如，M=2 和 M=3 的滤波器能分别用在 M=4 和 M=9 的图像编码中。

图 4.13 和图 4.14 比较了两个描述的 MDROQ 和 MDLTPC[95]，测试图像为 Puppy 和 Soccer 左右视频的第一帧。图 4.13（a）和图 4.14（a）所示为边路 PSNR D_1 和中心路 PSNR D_2 的实验结果，这是通过不同的比特分配或系统冗余得到的，即通过调节 q_0 和 q_1 的值保持相同的总码率。从实验结果可以看出，当边路 PSNR 相同时，MDROQ 的中心路 PSNR 比 MDLTPC 的中心路 PSNR 高 1dB，原因是高码率量化器的精细。另外，当中心路 PSNR 相同时，MDROQ 的边路 PSNR 比 MDLTPC 的边路 PSNR 高 0.3dB。

图 4.15（a）～图 4.18（a）所示分别为 M=3 和 M=4 时 MDUOQ、MDROQ 和 TRPCSQ 的边路 PSNR D_i 和中心路 PSNR D_M 的实验结果。为了避免图像拥挤，仅测试了 Puppy 左视频第一帧和 Soccer 右视频第一帧。从这些图中可以看出，提出的 MDUOQ 和 MDROQ 的实验效果优于 TRPCSQ 的实验效果。当冗余低时，增益能达到 1dB，即当 q_1 较大时，对应于图 4-15（a）～图 4-18（a）曲线的右边。这是因为 TRPCSQ

的不对称量化器在低码率时不是很有效。当冗余适当或较高时，边路失真的增益仍然能达到 0.5dB。

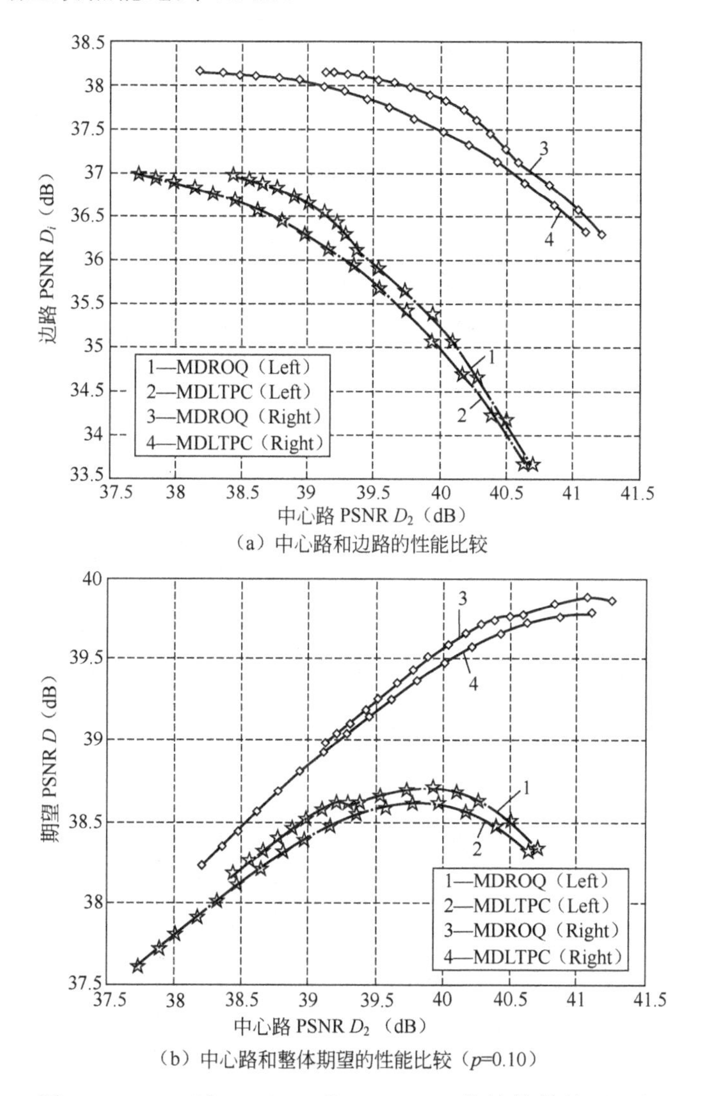

（a）中心路和边路的性能比较

（b）中心路和整体期望的性能比较（p=0.10）

图 4.13　M=2 时 MDROQ 和 MDLTPC 的性能比较（一）（总码率为 1.0bpp，Puppy）

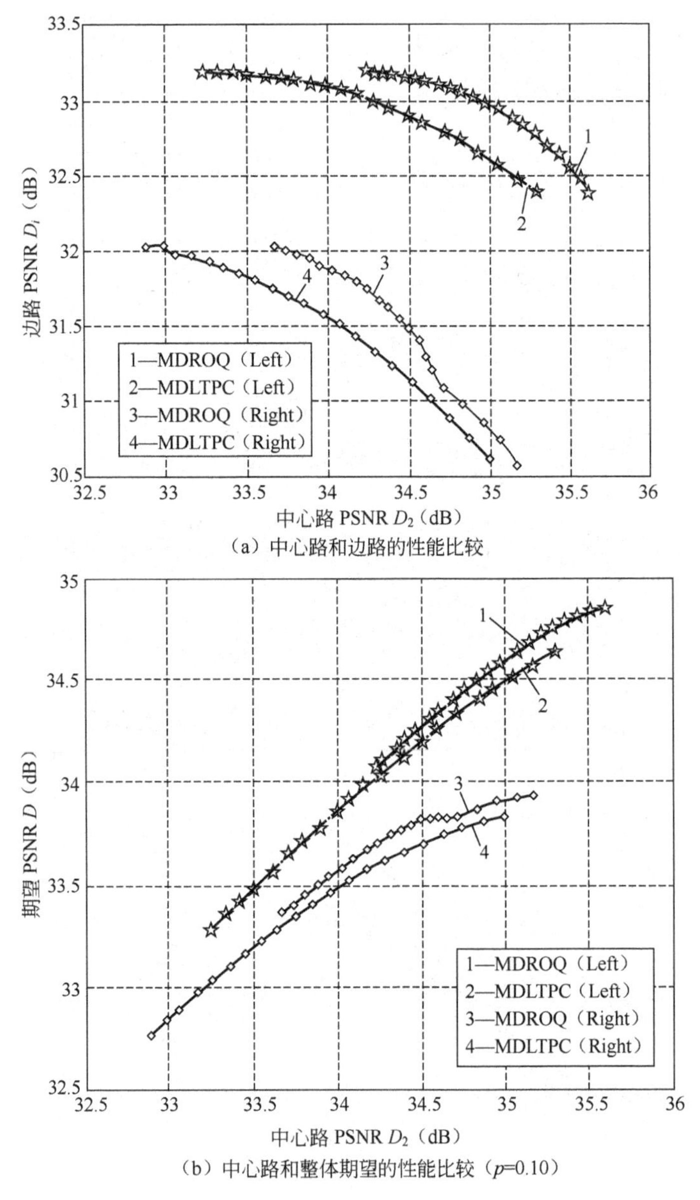

（a）中心路和边路的性能比较

（b）中心路和整体期望的性能比较（p=0.10）

图 4.14　M=2 时 MDROQ 和 MDLTPC 的性能比较（二）
（总码率为 1.0bpp，Soccer）

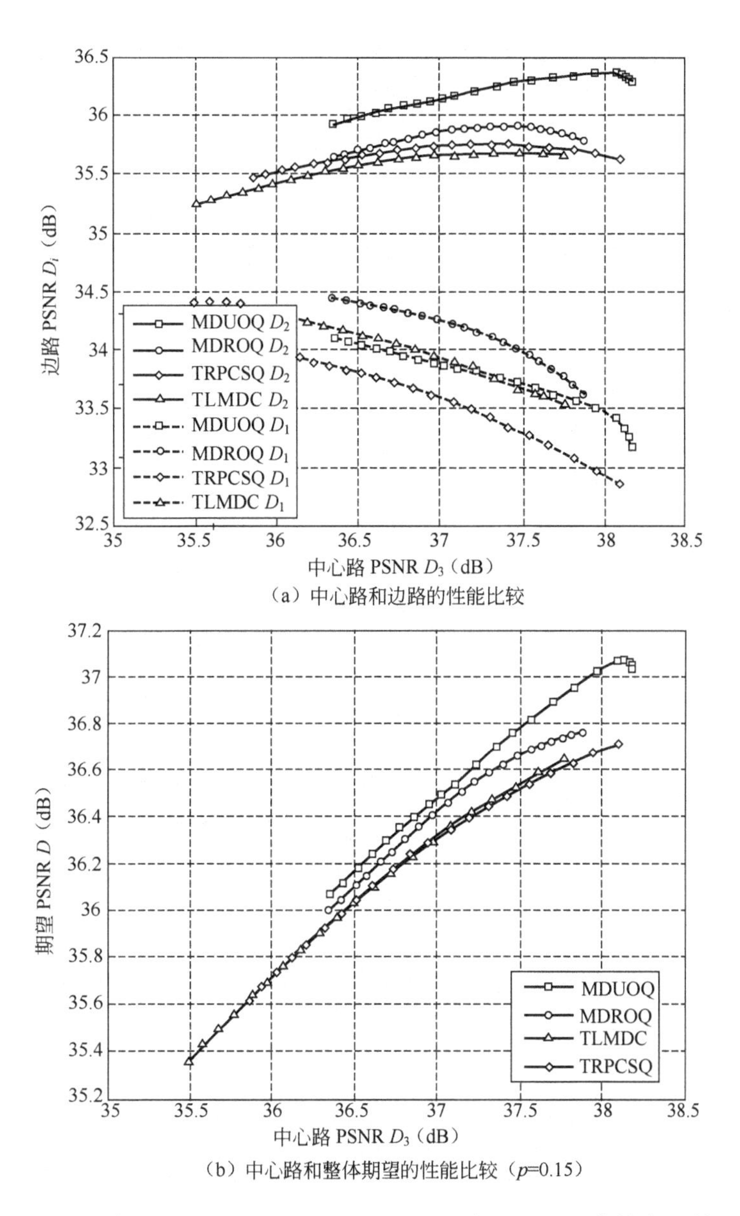

（a）中心路和边路的性能比较

（b）中心路和整体期望的性能比较（p=0.15）

图 4.15　M=3 时 MDUOQ、MDROQ、TRPCSQ 和 TLMDC 的性能比较（一）
（总码率为 1.0bpp，Puppy）

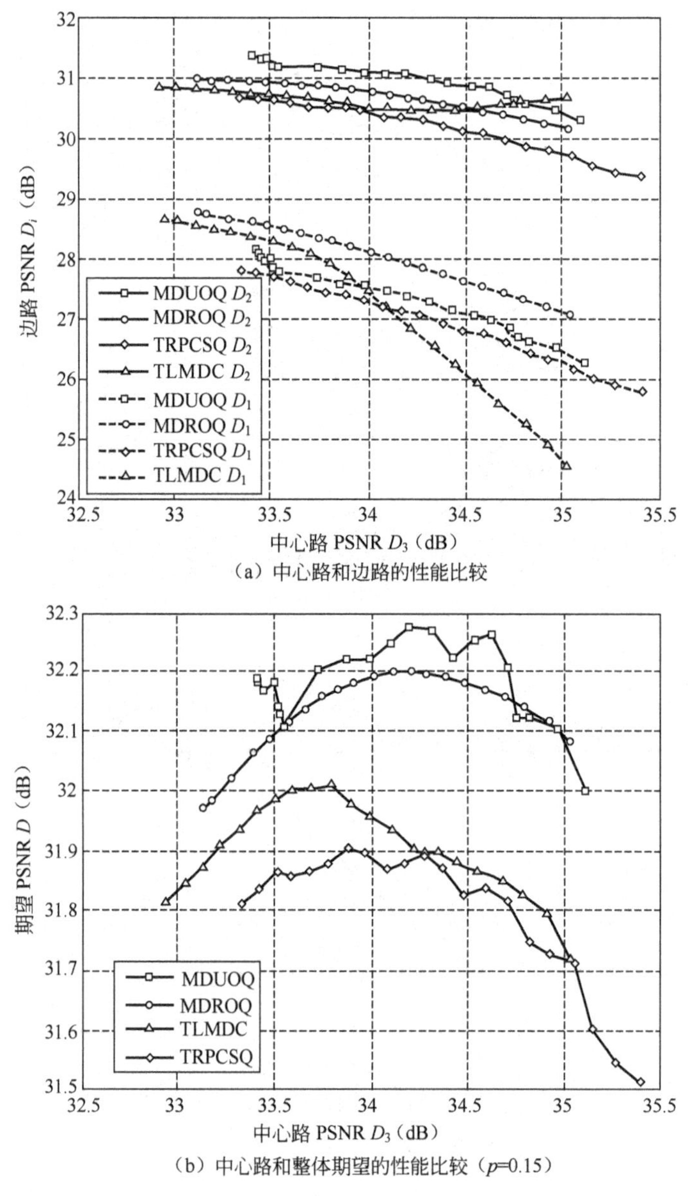

（a）中心路和边路的性能比较

（b）中心路和整体期望的性能比较（p=0.15）

图 4.16　M=3 时 MDUOQ、MDROQ、TRPCSQ 和 TLMDC 的性能比较（二）（总码率为 1.0bpp，Soccer）

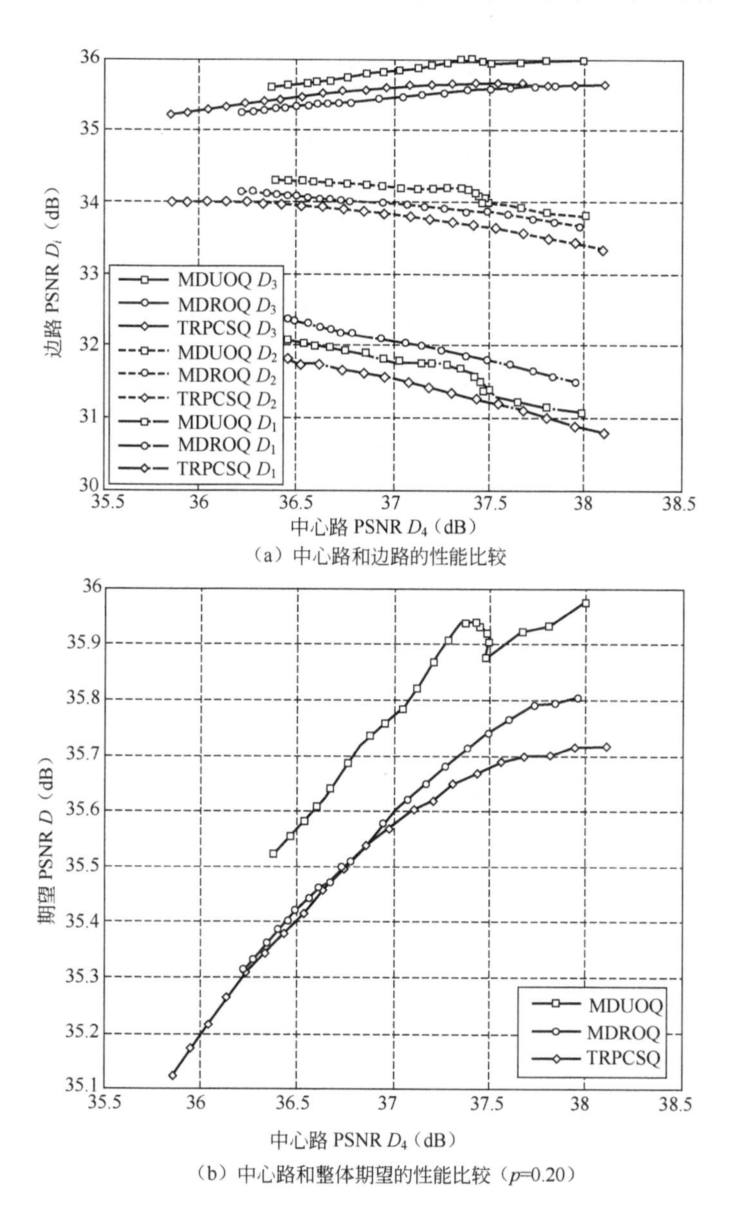

（a）中心路和边路的性能比较

（b）中心路和整体期望的性能比较（p=0.20）

图 4.17 M=4 时 MDUOQ、MDROQ 和 TRPCSQ 的性能比较（一）（总码率为 1.0bpp，Puppy）

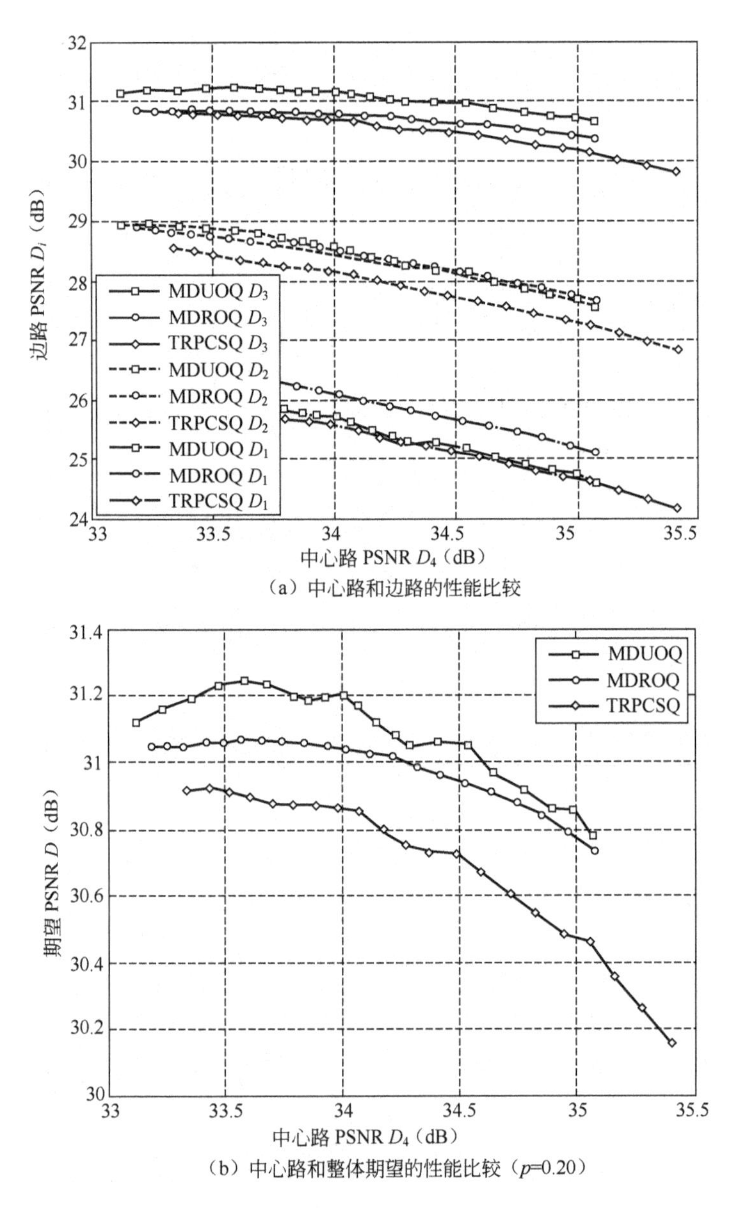

（a）中心路和边路的性能比较

（b）中心路和整体期望的性能比较（p=0.20）

图 4.18 M=4 时 MDUOQ、MDROQ 和 TRPCSQ 的性能比较（二）
（总码率为 1.0bpp，Soccer）

图 4.15（a）和图 4.16（a）包含 TLMDC[97]的结果，TLMDC 在大部分区域是比 TRPCSQ 好的。TLMDC 增加了一个第三层，以此改进收到 M−1 描述的质量。尽管本章提出的方法没有第三层，但它仍然比 TLMDC 有更好的效果，这是因为改进的联合解量化和低码率编码的精细。实际上，第三层也能够增加到本章提出的方法中，比较本章提出的方法与 TRPCSQ 更公平一些。

比较 MDROQ 和 MDUOQ 可以看出，当收到的描述较少时，基于随机量化器的 MDROQ 比 MDUOQ 有更好的效果；但是，当收到的描述较多时，基于均一偏移量化器的 MDUOQ 比 MDROQ 有更好的效果。这就说明 MDUOQ 有更好的期望失真 D［见式（4-2)]，因为在通常情况下描述的丢失概率 p 是相当小的。在这种情况下，期望失真主要是由收到多描述的情况决定的。

为了证明这个观点，图 4.13（b）～图 4.18（b）分别为图 4.13（a）～图 4.18（a）基于不同 p 的整体期望 PSNR D 和中心路 PSNR D_M 的实验结果。当 M=2 时，p=0.10；当 M=3 时，p=0.15；当 M=4 时，p=0.20。在每条曲线中，最高的期望 PSNR 对应点具有给出 p 的最优比特分配。从这些图中可以明显看到，MDUOQ 与 MDROQ 比 MDLTPC、TRPCSQ、TLMDC 有更好的期望失真，并且 MDUOQ 优于 MDROQ。

从这些图可以看出，第一个问题是 MDUOQ 并不是总比 MDROQ 好。当低冗余（q_1 较大时）和 M 较大时，MDROQ 具有更好的 D_i-D_M 曲线。其中，一个原因是 MDUOQ 的一些量化器具有较大的死区间隔，这种较大的死区间隔在低码率时不是最优的；另一个原因是当 M 增大时，MDUOQ 中包含更多的由预测引起的非均一化间隔的量化器，使这种非均一化间隔的量化器近似于随机偏移量化器。这表明预测编码和不相等死区的 MDUOQ 仍然不能完全实现均一化叉排量化器，理论曲线如图 4.2 所示。因此，仍然需要调节 MDUOQ 的设计，以进一步提高图像编码效率。第二个问题就是得到比式（4-16）更准确的公式，因为当前 MDUOQ 的因子 $S_{1,k}$没有考虑非均一化偏移的影响。

4.7.2 鲁棒的多描述立体视频编码实验结果

本节给出鲁棒的多描述立体视频编码实验结果。测试立体视频序列为 Soccer 2、Puppy、Soccer 和 Rabbit，立体视频的分辨率为 720×480 像素。本节使用文献[78]提出的编码器 MMRG，并且对本书提出的鲁棒的多描述立体视频编码算法与 Norkin 等人提出的 MS-MDC[56]进行比较。图 4.19 所示分别为 MS-MDC 和本书提出的基于内插补偿预处理的鲁棒的多描述立体视频编码结果，比较了只收到描述 1 或只收到描述 2 的实验效果。

从图 4.19 可以看出，当收到一个描述时，本书研究的方法优于 Norkin 等人提出的 MS-MDC[56]，并且增益能达到 2dB。同时，也可以看出，当两个描述都收到时，有更好的实验效果。这与多描述编码的原理是一致的，即收到的描述越多，重建视频的质量越好。

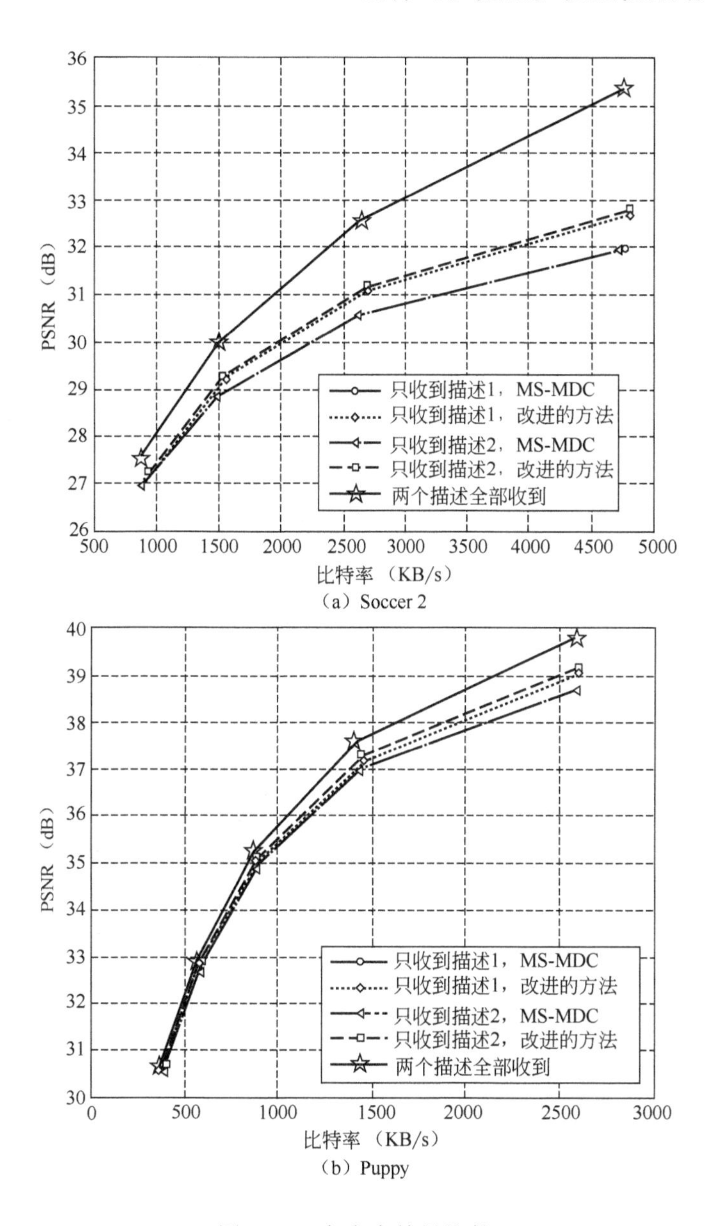

（a）Soccer 2

（b）Puppy

图 4.19 率失真结果比较

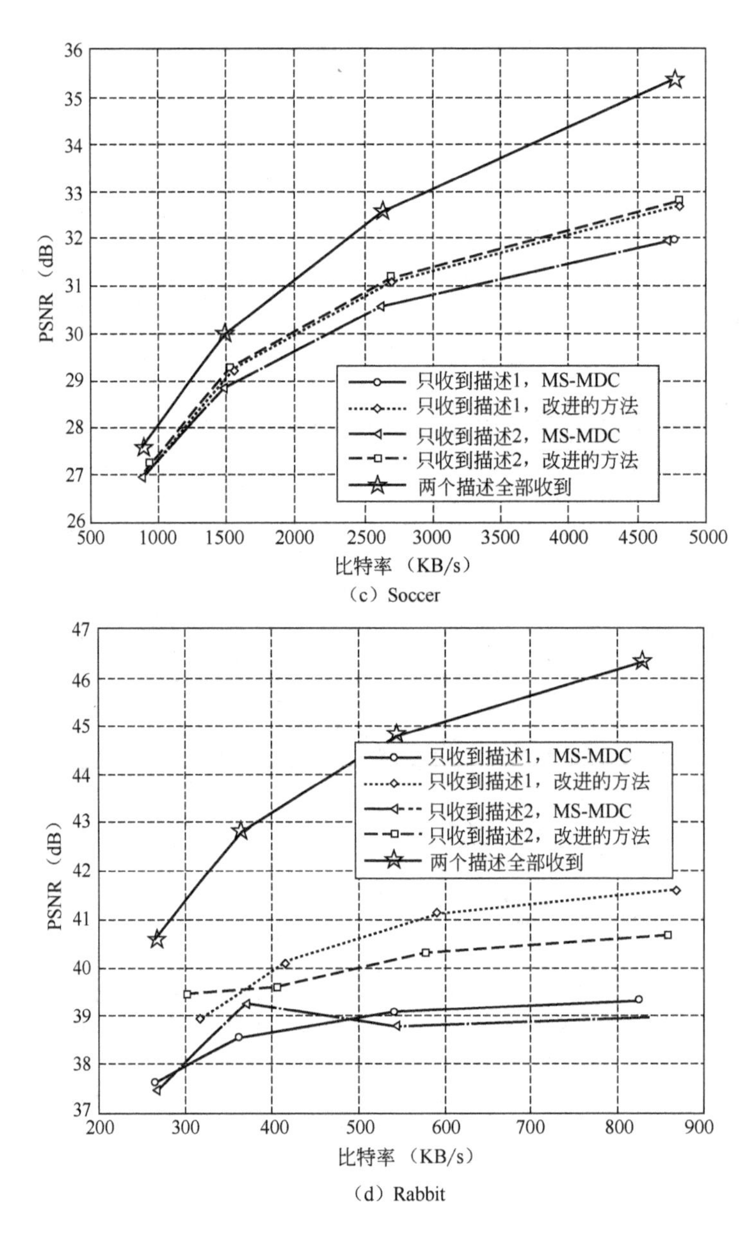

（c）Soccer

（d）Rabbit

图 4.19　率失真结果比较（续）

4.8 本章小结

首先，针对多描述多视点帧内编码，本章提出了两个先进的编码方法，一个是基于随机偏移量化器的多描述多视点帧内编码 MDROQ，另一个是基于均一偏移量化器的多描述多视点帧内编码 MDUOQ。这两个编码方法是对文献[95～97]的统一和改进。基于文献[101]得到了 MDROQ 和 MDUOQ 的期望失真表达式。MDROQ 和 MDUOQ 应用分析和实验结果表明，提出的这两种方法优于其他方法。其次，针对当前应用最广泛的立体视频，本章提出了基于多描述编码的鲁棒的立体视频编码，并且提出了内插补偿预处理方法进一步提高重建视频质量。实验结果表明，本章提出的方法优于经典的多描述立体视频编码方法。但本章只提出了两个描述的立体视频编码。未来，我们要把本章提出的一般化 M 个描述的多描述多视点帧内编码应用在鲁棒的多视点视频编码中，实现一般化 M 个描述的鲁棒的多视点视频编码。

5

总结与展望

5.1 总结

多视点视频编码对多视点视频的存储和传输是非常重要的。当前已经出现许多多视点视频编码方法，如基于传统2D视频编码的多视点视频编码、基于运动估计和视差估计的多视点视频编码、基于合成视点预测的多视点视频编码、分布式多视点视频编码和基于多描述编码的多视点视频编码。本书在分布式多视点视频编码的基础上更充分地利用了边信息，提出了基于贝叶斯准则的多边信息分布式多视点视频编码；为了使当前存在的视频编码器能方便地处理多视点视频，提出了兼容标准的高效立体视频编码；在基于多描述编码的多视点视频编码的基础上，提出了基于内插补偿预处理的鲁棒的多描述多视点视频编码，并且针对多视点帧内编码，提出了两种先进的多描述多视点帧内编码方法：基于随机偏移量化器和基于均一偏移量化器的多描述多视点帧内编码。

5.2 展望

本书就多视点视频编码的关键技术进行了深入分析和研究，研究了基于贝叶斯准则的多边信息分布式多视点视频编码、兼容标准的高效立体视频编码、多描述多视点帧内编码和基于内插补偿预处理的鲁棒的多描述多视点视频编码。虽然取得了一定进展，但仍然有以下问题需要在后续工作中进行更深入的研究。

（1）本书在研究低复杂度的多视点视频编码方法时，主要研究了基于贝叶斯准则的多边信息联合条件概率密度函数，两个边信息只是由当前运动补偿内插和视差补偿内插得到的，即只用了相邻两个关键帧的相关信息。然而，边信息的质量在整个方法中是非常重要的，因此，需要进一步深入地研究如何利用更多关键帧的信息得到更好的边信息，以提高编码效率。

（2）本书研究两个描述的立体视频编码系统，虽然多描述多视点帧内编码使用了一般化的 M 个描述，但鲁棒的多描述多视点视频编码还没有一般化到 M 个描述，一般化 M 个描述的多视点视频编码应该更具鲁棒性，并且有更大的研究空间。

（3）本书研究的编码方法都没有考虑深度信息，下一步将把深度信息纳入编码方法中，使系统更具实时性、兼容性和鲁棒性。

参考文献

[1] Naemura T，Kaneko M，Harashima H. Compression and representation of 3-D images [J]. IEICE TRANSACTIONS on Information and Systems，1999，82 (3)：558–567.

[2] Smolic A，Mueller K，Merkle P，et al. 3D video and free viewpoint video-technologies，applications and MPEG standards [C]. IEEE International Conference on Proceedings of Multimedia and Expo，2006：2161–2164.

[3] Smolic A，Mueller K，Stefanoski N，et al. Coding algorithms for 3DTV-A survey [J]. IEEE Transactions on Circuits and Systems Video Technology，2007，17 (11)：1606–1621.

[4] Vetro A，Wiegand T，Sullivan G. Overview of the stereo and multiview video coding extensions of the H. 264/MPEG-4 AVC standard [J]. Proceedings of the IEEE，2011，99 (4)：626–642.

[5] Ho Y，Oh K J. Overview of multi-view video coding [C]. 2007 14th International Workshop on Systems，Signals and Image Processing and 6th EURASIP Conference focused on Speech and Image Processing，Multimedia Communications and Services，2007：5–12.

[6] Vetro A，Mc Guire M，Matusik W，et al. Multiview video test sequences from MERL [J]. ISO/IEC JTC1/SG29/WG11，Document MPEG2005/M12077，2005.

[7] Wilburn B，Joshi N，Vaish V，et al. High-speed videography using a dense camera array [C]. Proceedings of the 2004 IEEE Computer Society Conference on

Computer Vision and Pattern Recognition，2004.

[8] Lou J，Cai H，Li J. A real-time interactive multi-view video system [C]. Proceedings of the 13th annual ACM international conference on Multimedia，2005：161–170.

[9] Yoon S，Lee E，Kim S，et al. A framework for multi-view video coding using layered depth images[C]. Advances in Multimedia Information Processing-PCM 2005，2005：431–442.

[10] Konrad J，Halle M. 3-D displays and signal processing [J]. IEEE Signal Processing Magazine，2007，24（6)：97–111.

[11] Dodgson N. Autostereoscopic 3D displays [J]. Computer，2005，38（8)：31–36.

[12] Smolic A，Kauff P. Interactive 3-D video representation and coding technologies [J]. Proceedings of the IEEE，2005，93（1)：98–110.

[13] Fujii T，Tanimoto M. Free viewpoint TV system based on ray-space representation [C]. Proceedings of ITCom 2002：The Convergence of Information Technologies and Communications. International Society for Optics and Photonics，2002：175–189.

[14] Kauff P，Schreer O. An immersive 3D video-conferencing system using shared virtual team user environments [C]. Proceedings of the 4th international conference on Collaborative virtual environments. ACM，2002：105–112.

[15] Feldmann I，Schreer O，Kauff P，et al. Immersive multi-user 3D video communication [C]. Proceedings of International Broadcast Conference（IBC 2009)，Amsterdam，NL，2009.

[16] Florêncio D, Zhang C. Multiview video compression and streaming based on predicted viewer position [C]. Proceedings of Acoustics, Speech and Signal Processing, ICASSP 2009: 657–660.

[17] Jung I, Chung T, Song K, et al. Effcient stereo video coding based on frame skipping for real-time mobile applications[J]. IEEE Transactions on Consumer Electronics, 2008, 54 (3): 1259–1266.

[18] Wiegand T, Sullivan G, Bjontegaard G, et al. Overview of the H. 264/AVC video coding standard [J]. IEEE Transactions on Circuits and Systems for Video Technology, 2003, 13 (7): 560–576.

[19] Requirements on multiview video coding v5 [S]. ISO/IEC JTC1/SC29/WG11, N7539, France, 2005.

[20] Joint draft 1. 0 on multiview video coding[S]. ISO/IEC MPEG ITU-T VCEG, JVT-U207, 2006.

[21] Lukacs M. Predictive coding of multi-viewpoint image sets [C]. IEEE International Conference on Proceedings of Acoustics, Speech, and Signal Processing, 1986: 521–524.

[22] Dinstein I, Guy G, Rabany J, et al. On the compression of stereo images: Preliminary results [J]. Signal Processing, 1989, 17 (4): 373–382.

[23] Perkins M. Data compression of stereopairs [J]. IEEE Transactions on Communications, 1992, 40 (4): 684–696.

[24] Grammalidis N, Strintzis M. Disparity and occlusion estimation in multiocular systems and their coding for the communication of multiview image sequences [J]. IEEE Transactions on Circuits and Systems for Video Technology, 1998,

8（3）：328–344.

［25］Puri A，Kollarits R，Haskell B. Stereoscopic video compression using temporal scalability［C］. Proceedings of Proc. SPIE Internat. Conf. on Visual Communications and Image Processing，1995，2501：745–756.

［26］Chen X，Luthra A. MPEG-2 multiview profile and its application in 3D TV［C］. Proc. SPIE IS&T Multimedia Hardware Architectures，1997：212–223.

［27］Ohm J. Stereo/multiview video encoding using the MPEG family of standards［C］. Proceedings of Electronic Imaging. International Society for Optics and Photonics，1999：242–253.

［28］Sullivan G J. Standards-based approaches to 3D and multiview video coding［C］. Applications of Digital Image Processing XXXII. International Society for Optics and Photonics，2009，7443：74430Q.

［29］Ohm J R. Submissions received in CfP on multiview video coding［J］. MPEG2006/M2006，12969.

［30］Oelbaum T. Subjective test results for the CfP on multi-view video coding（MVC）［J］. ISO/IEC JTC，1.

［31］Mueller K，Merkle P，Smolic A，et al. Multiview coding using AVC［C］. Proceedings of MPEG Meeting-ISO/IEC JTC1/SC29/WG11，Bangkok，Thailand，MPEG06 M，2006，12945.

［32］Martinian E，Yea S，Vetro A. Results of Core Experiment 1B on Multiview Coding［S］. ISO/IEC JTC，2006.

［33］Martinian E，Behrens A，Xin J，et al. Extensions of H. 264/AVC for multiview video compression［C］. IEEE International Conference on Proceedings of

Image Processing，2006：2981–2984.

［34］Wang Y K，Chen Y，Hannuksela M M. Time-first coding for multi-view video coding［C］. JVT-U104，2006.

［35］Vetro A，Su Y，Kimata H，et al. Joint draft 1. 0 on multiview video coding［C］. JVT-U209，2006.

［36］Flierl M，Girod B. Multiview video compression［J］. Signal Processing Magazine，IEEE，2007，24（6）：66–76.

［37］Flierl M，Mavlankar A，Girod B. Motion and disparity compensated coding for multiview video［J］. IEEE Transactions on Circuits and Systems for Video Technology，2007，17（11）：1474–1484.

［38］Vetro A，Pandit P，Kimata H，et al. Joint draft 8 of multiview video coding［C］. JVT-AB204，2008.

［39］Merkle P，Smolic A，Muller K，et al. Effcient prediction structures for multiview video coding［J］. IEEE Transactions on Circuits and Systems for Video Technology，2007，17（11）：1461–1473.

［40］Tian D，Pandit P，Yin P，et al. Study of MVC coding tools［C］. JVT-Y044，2007.

［41］Kim W S，Ortega A，Lai P，et al. Depth map coding with distortion estimation of rendered view［C］. Visual Communication and Information Processing，2010，7543：75430B.

［42］Oh K J，Yea S，Vetro A，et al. Depth reconstruction filter and down/up sampling for depth coding in 3-D video［J］. IEEE Signal Processing Letters，2009，16（9）：747–750.

[43] Merkle P，Morvan Y，Smolic A，et al. The effects of multiview depth video compression on multiview rendering[J]. Signal Processing: Image Communication，2009，24（1-2）：73–88.

[44] Yamamoto K，Kitahara M，Kimata H，et al. Multiview video coding using view interpolation and color correction [J]. IEEE Transactions on Circuits and Systems for Video Technology，2007，17（11）：1436–1449.

[45] Farin D，Morvan Y，de With P H N. View interpolation along a chain of weakly calibrated cameras[C]. IEEE Workshop on Content Generation and Coding for 3D-Television，2006.

[46] Hartley B. Theory and practice of projective rectification [J]. International Journal of Computer Vision，1999，35（2）：115–127.

[47] Hartley R，Zisserman A. Multiple view geometry in computer vision [M]. Cambridge：Cambridge University Press，2003.

[48] Birchfield S，Tomasi C. Depth discontinuities by pixel-to-pixel stereo [J]. International Journal of Computer Vision，1999，35（3）：269–293.

[49] Xiu X Y，Pang D，Liang J. Rectification-based view interpolation and extrapolation for multiview video coding [J]. IEEE Transactions on Circuits and Systems for Video Technology，2011，21（6）：693–707.

[50] Guo X，Lu Y，Wu F，et al. Distributed multi-view video coding [C]. Proceedings of Electronic Imaging 2006. International Society for Optics and Photonics，2006：60770T.

[51] Guo X，Lu Y，Wu F，et al. Wyner-Ziv-Based multiview video coding [J]. IEEE Transcation on Circuits and Systems for Video Technology，2008，18（6）：

713–724.

[52] Guillemot C, Pereira F, Torres L, et al. Distributed monoview and multiview video coding [J]. IEEE Signal Processing Magazine, 2007, 24 (5): 67–76.

[53] Ouaret M, Dufaux F, Ebrahimi T. Fusion-based multiview distributed video coding [C]. Proceedings of the 4th ACM International Workshop on Video Surveillance and Sensor Networks, 2006: 139–144.

[54] Slepian J D, Wolf J K. Noiseless coding of correlated information sources [J]. IEEE Transcation on Information Theory, 1973, IT-22: 471–480.

[55] Wyner A D, Ziv J. The rate-distortion function for source coding with side information at the decoder[J]. IEEE Transcation on Information Theory, 1976, 22: 1–10.

[56] Norkin A, Aksay A, Bilen C, et al. Schemes for multiple description coding of stereoscopic video [C]. International Workshop on Multimedia Content Representation, Classification and Security, 2006: 730–737.

[57] Karim H A, Hewage C, Worrall S, et al. Scalable multiple description video coding for stereoscopic 3D [J]. IEEE Transactions on Consumer Electronics, 2008, 54 (2): 745–752.

[58] Wang A, Zhao Y, Bai H. Robust multiple description distributed video coding using optimized zero-padding [J]. Science in China Series F: Information Sciences, 2009, 52 (2): 206–214.

[59] Kuo Y, Zhang P, Chen J. Feedback free multiple description distributed video coding for robust transmission[J]. Electronics Letters, 2012, 48(12): 691–692.

[60] Gao Y, Cheung G, Liang J, et al. Optimizing frame structure with real-time

computation for interactive multiview video streaming[C]. 3DTV-Conference, 2012: 1–4.

[61] Artigas X, Ascenso J, Dalai M, et al. The discover codec: Architecture, techniques and evaluation [C]. Picture Coding Symposium 2007.

[62] http://www.discoverdvc.org.

[63] Kubasov D, Nayak J, Guillemot C. Optimal reconstruction in Wyner-Ziv video coding with multiple side information [C]. Multimedia Signal Processing, 2007: 183–186.

[64] Misra K, Karande S, Radha H. Multi-hypothesis based distributed video coding using LDPC codes [C]. Proceedings of Allerton Conference on Commun, Control and Computing, 2005.

[65] Li Y, Liu H, Liu X, et al. Multi-hypothesis based multi-view distributed video coding [C]. Picture Coding Symposium, 2009: 1–4.

[66] Varodayan D, Aaron A, Girod B. Rate-adaptive codes for distributed source coding [J]. EURASIP Signal Processing Journal, 2006, 86: 3123–3130.

[67] Esmaili G, Cosman P. Wyner-Ziv video coding with classified correlation noise estimation and key frame coding mode selection [J]. IEEE Transcation on Image Processing, 2011, 20 (9): 2463–2474.

[68] Aaron A, Rane S D, Setton E, et al. Transform-domain Wyner-Ziv codec for video [C]. Visual Communications and Image Processing 2004. International Society for Optics and Photonics, 2004, 5308: 520–529.

[69] Varodayan D, Aaron A, Girod B. Rate-adaptive distributed source coding using low-density parity-check codes [C]. Proc. Asilomar Conf. on Signals, Syst.,

Comput.，Pacific Grove，CA，2005.

[70] Vatis Y，Klomp S，Ostermann J. Enhanced reconstruction of the quantised transform coeffcients for Wyner-Ziv coding [C]. International Conference on Multimedia and Expo，2007：172–175.

[71] Li S P，Yu M，Jiang G Y，et al. Approaches to H. 264-based stereoscopic video coding [C]. Proceedings of Image and Graphics，2004：365–368.

[72] Wang R S. Multiview/stereoscopic video analysis，compression，and virtual viewpoint synthesis [D]. New York：Polytechnic University，1999.

[73] Ding L F，Chien S Y，Chen L G. Joint prediction algorithm and architecture for stereo video hybrid coding systems [J]. IEEE Transactions on Circuits and Systems Video Technology，2006，16（11）：1324–1337.

[74] Wiegand T. Draft ITU-T recommendation and final draft international standard of joint video specification（ITU-T Rec. H. 264| ISO/IEC 14496-10 AVC）. JVT-G050，2003.

[75] Rec I. H. 264| ISO/IEC 11496-10 AVC. Document JVT-G050 [C]. 8th Meeting：Geneva，Switzerland，2003.

[76] Yang W，Ngan K，Lim J，et al. Joint motion and disparity fields estimation for stereoscopic video sequences [J]. ELSEVIER. Signal Processing：Image Communicaiton，2005，20：265–276.

[77] Meng L L，Zhao Y，Bai H H，et al. Compatible stereo video coding with flexible prediction mode [C]. Proceedings of Pervasive Computing Signal Processing and Applications（PCSPA），2010：755–758.

[78] Bilen C，Aksay A，Akar G B. A multi-view video codec based on H. 264

[C]. IEEE International Conference on Proceedings of Image Processing, 2006. 541–544.

[79] Goyal V. Multiple description coding: compression meets the network [J]. IEEE Signal Processing Magazine, Sept. 2001, 18 (5): 74–93.

[80] Vaishampayan V. Design of multiple description scalar quantizers [J]. IEEE Transcation on Information Theory, 1993, 39 (3): 821–834.

[81] Tian C, Hemami S S. A new class of multiple description scalar quantizer and its application to image coding [J]. IEEE Signal Processing Letter, 2005, 12 (4): 329–332.

[82] Berger-Wolf T Y, Reingold E M. Index assignment for multichannel communication under failure [J]. IEEE Transcation on Information Theory, 2002, 48 (10): 2656–2668.

[83] Tian C, Hemami S S. Sequential design of multiple description scalar quantizers [C]. Proc. IEEE Data Compression Conference, Snowbird, UT, 2004: 32–41.

[84] Ostergaard J, Jensen J, Heusdens R. N-channel entropy-constrained multiple-description lattice vector quantization [J]. IEEE Transcation on Information Theory, 2006, 52 (5): 1956–1973.

[85] Jayant N S. Subsampling of a DPCM Speech Channel to Provide Two "Self-Contained" Half - Rate Channels [J]. Bell System Technical Journal, 1981, 60 (4): 501–509.

[86] Jiang W, Ortega A. Multiple description coding via polyphase transform and selective quantization [C]. Proc. SPIE Conf. on Visual Communications and Image Processing, 1999, 3653: 998–1008.

[87] Tillo T，Grangetto M，Olmo G. Multiple description image coding based on Lagrangian rate allocation[J]. IEEE Transactions on Image Processing，2007，16（3）：673–683.

[88] Baccaglini E，Tillo T，Olmo G. A flexible R-D-based multiple description scheme for JPEG 2000 [J]. IEEE Signal Processing Letter，2007，14（3）：197–200.

[89] Tillo T，Baccaglini E，Olmo G. A flexible multi-rate allocation scheme for balanced multiple description coding applications [C]. Proc. IEEE 7th Workshop on Multimedia Signal Processing，2005：1–4.

[90] Wang Y，Orchard M，Vaishampayan V，et al. Multiple description coding using pairwise correlating transforms [J]. IEEE Transactions on Image Processing，2001，10（3）：351–366.

[91] Wang Y，Reibman A，Orchard M，et al. An improvement to multiple description transform coding[J]. IEEE Transactions on Signal Processing，2002，50（11）：2843–2854.

[92] Goyal V，Kovacevic J. Generalized multiple description coding with correlating transforms [J]. IEEE Transcation on Information Theory，2001，47（6）：2199–2224.

[93] Kovacevic J，Dragotti P，Goyal V. Filter bank frame expansions with erasures [J]. IEEE Transcation on Information Theory，2002，48（6）：1439–1450.

[94] Mohr A E，Riskin E A，Ladner R E. Unequal loss protection：Graceful degradation over packet erasure channels through forward error correction [J]. IEEE Journal on selected areas in communications，2000，18（7）：819–828.

[95] Sun G, Samarawickrama U, Liang J, et al. Multiple description coding with prediction compensation [J]. IEEE Transcation on Image Processing, 2009, 18 (5): 1037–1047.

[96] Samarawickrama U, Liang J, Tian C. M-channel multiple description coding with two-rate coding and staggered quantization [J]. IEEE Transcation on Circuits and Systems for Video Technolgy, 2010, 20 (7): 933–944.

[97] Samarawickrama U, Liang J, Tian C. A three-layer scheme for m-channel multiple description image coding[J]. Sig. Proc., 2011, 91(10): 2277–2289.

[98] Tillo T, Olmo G. Improving the performance of multiple description coding based on scalar quantization [J]. IEEE Signal Process. Letter, 2008, 15: 329–332.

[99] Zhu S, Yeung S K A, Zeng B, et al. Total-variation based picture reconstruction in multiple description image and video coding [J]. Signal Processing: Image Communication, 2012, 27 (2): 126–139.

[100] Zhu S, Yeung S K A, Zeng B. A comparative study of multiple description video coding in P2P: normal MDSQ versus flexible dead-zones [C]. Proc. IEEE Conf. Multimedia and Expo, 2009: 1118–1121.

[101] Goyal V K. Scalar quantizationwith random thresholds [J]. IEEE Signal Processing Letter, 2011, 18: 525–528.

[102] Jayant N S, Noll P. Digital coding of waveforms: Principles and applications to speech and video [J]. Signal Processing, 1985, 9 (2): 139–140.

[103] Rabbani M. JPEG2000: Image compression fundamentals, standards and practice [J]. Journal of Electronic Imaging, 2002, 11 (2): 286.

[104] Malvar H. Signal processing with lapped transforms [D]. MA，Norwood: Artech House，1992.

[105] Tran T D，Liang J，Tu C. Lapped transform via time-domain pre- and post-processing [J]. IEEE Transcation on Signal Processing，2003，51 (6): 1557–1571.

[106] Srinivasan S，Tu C，Regunathan S L，et al. HD Photo: A new image coding technology for digital photography [C]. Applications of Digital Image Processing XXX. International Society for Optics and Photonics，2007，6696: 66960A.

[107] Liang J，Tu C，Gan L，et al. Wiener filter-based error resilient time domain lapped transform [J]. IEEE Transcation on Image Processing，2007，16 (2): 428–441.

[108] Zamir R. Gaussian codes and Shannon bounds for multiple descriptions [J]. IEEE Transcation on Information Theory，1999，45 (7): 2629–2636.

[109] Zamir R. Shannon-type bounds for multiple descriptions of a stationary source [J]. Journal of Combinatorics，Information and System Sciences，2000: 1–15.

[110] Vaishampayan V，Batllo J. Asymptotic analysis of multiple description quantizers [J]. IEEE Transcation on Information Theory，1998，44 (1): 278–284.

反侵权盗版声明